U0252228

中国国家公园体制建设研究丛书

Research Series on Development of China's National Park System

Research on Guidelines for National Park Planning

中国国家公园规划编制指南研究

杨　锐　马之野　庄优波
赵智聪　钟　乐 —— 等著

中国环境出版集团 · 北京

图书在版编目（CIP）数据

中国国家公园规划编制指南研究/杨锐等著. —北京：中国环境出版集团，2018.10

（中国国家公园体制建设研究丛书）

ISBN 978-7-5111-3748-7

Ⅰ. ①中… Ⅱ. ①杨… Ⅲ. ①国家公园—规划—研究—中国 Ⅳ. ①S759.992

中国版本图书馆 CIP 数据核字（2018）第 181521 号

出 版 人　武德凯
责任编辑　李兰兰
责任校对　任　丽
封面制作　宋　瑞

更多信息，请关注
中国环境出版集团
第一分社

出版发行　中国环境出版集团
（100062　北京市东城区广渠门内大街 16 号）
网　　址：http://www.cesp.com.cn
电子邮箱：bjgl@cesp.com.cn
联系电话：010-67112765（编辑管理部）
010-67112735（第一分社）
发行热线：010-67125803，010-67113405（传真）

印　　刷　北京中科印刷有限公司
经　　销　各地新华书店
版　　次　2018 年 10 月第 1 版
印　　次　2018 年 10 月第 1 次印刷
开　　本　787×1092　1/16
印　　张　5.75
字　　数　100 千字
定　　价　30.00 元

中国国家公园体制建设研究丛书

编 委 会

踏上国家公园体制改革新征程

自1872年世界上第一个国家公园诞生以来，由于较好地处理了自然资源科学保护与合理利用之间的关系，国家公园逐渐成为国际社会普遍认同的自然生态保护模式，并被世界大部分国家和地区采用。目前已有100多个国家建立了近万个国家公园，并在保护本国自然生态系统和自然遗产中发挥着积极作用。2013年11月，党的十八届三中全会首次提出建立国家公园体制，并将其列入全面深化改革的重点任务，标志着中国特色国家公园体制建设正式起步。

4年多来，国家发展和改革委员会会同相关部门，稳步推进改革试点各项工作，并取得了阶段性成效。特别是2017年，国家发展和改革委员会会同相关部门研究制定并报请中共中央办公厅、国务院办公厅印发《建立国家公园体制总体方案》（以下简称《总体方案》），从成立国家公园管理机构、提出国家公园设立标准、编制全国国家公园总体发展规划、制定自然保护地体系分类标准、研究国家公园事权划分办法、制定国家公园法等方面提出了下一步国家公园体制改革的制度框架。

回顾过去4年多的改革历程，我国国家公园体制建设具有以下几个特点。

一是对现有自然保护地体制的改革。建立国家公园体制是对现有自然保护地体制的优化，不是推倒重来，也不是另起炉灶，更不是对中华人民共和国成立以来我国自然生态系统和自然文化遗产保护成就的否定，而是根据新的形势需要，对保护管理的体制机制进行探索创新，对自然保护地体系的分类设置进行改革完善，探索一条符合中国国情的保护地发展道路，这是一项“先立后破”的改革，有利于保护事业的发展，更符合全体中国人民的公共利益。

二是坚持问题导向的改革。中华人民共和国成立以来，特别是改革开放以来，我国的自然生态系统和自然遗产保护事业快速发展，取得了显著成绩，建立了自然保护区、风景名胜区、自然文化遗产、森林公园、地质公园等多种类型保护地。但自然保护地主要按照资源要素类型设立，缺乏顶层设计，同一类保护地分属不同部门管理，同一个保护地多头管理、碎片化现象严重，社会公益属性和中央地方管理职责不够明确，土地及相关资源产权不清晰，保护管理效能低下，盲目建设和过度利用现象时有发生，违规采矿开矿、无序开发水电等屡禁不止，严重威胁我国生态安全。通过建立国家公园体制，推动我国自然保护地管理体制改革，加强重要自然生态系统原真性、完整性保护，实现国家所有、全民共享、世代传承的目标，十分必要也十分迫切。

三是基于自然资源资产所有权的改革。明确国家公园必须由国家批准设立并主导管理，并强调国家所有，这就要求国家公园以全民所有的土地为主体。在制定国家公园准入条件时，也特别强调确保全民所有的自然资源资产占主体地位，这才能保证下一步管理体制调整的可行性。原则上，国家公园由中央政府直接行使所有权，由省级政府代理行使的，待条件成熟时，也要逐步过渡到由中央政府直接行使。

四是落实国土空间开发保护制度的改革。党的十八届三中全会《中共中央关于全面深化改革若干重大问题的决定》中关于建立国家公园体制的完整表述是“坚定不移实施主体功能区制度，建立国土空间开发保护制度，严格按照主体功能区定位推动发展，建立国家公园体制”。建立国家公园体制并非在已有的自然保护地体系上叠床架屋，而是要以国家公园为主体、为代表、为龙头去推动保护地体系改革，从而建立完善的国土空间开发保护制度，推动主体功能区定位落地实施，使得禁止开发区域能够真正做到禁止大规模工业化、城镇化开发建设，还自然以宁静、和谐、美丽，为建设富强、民主、文明、和谐、美丽的现代化强国贡献力量。

2015 年以来，国家发展和改革委员会会同相关部门和地方在青海、吉林、黑龙江、四川、陕西、甘肃等地开展三江源、东北虎豹、大熊猫、祁连山等 10 个国家公园体制试点，在突出生态保护、统一规范管理、明晰资源权属、创新经营管理、促进社区发展等方面取得了一定经验。同时，我们也要看到，建立统一、规范、高效的中国特色国家公园体制绝不是敲锣打鼓就可以实现的，不可能一蹴而就，必须通过不断深化研究、总结试点经验来逐步优化完善，在统一规范管理、建立财政保障、明确产权归属、完善法律制度等管理体制上取得实质性突破，在标准规范、规划管理、特许经营、社区发展、人才保障、公众参与、监督管理、交流合作等运行机制上进行大胆创新，把中国国家公园体制的“四梁八柱”建立起来，补齐制度“短板”。

为此，国家发展和改革委员会会同保尔森基金会和河仁慈善基金会组织清华大学、北京大学、中国人民大学、武汉大学等著名高校以及中国科学院、中国国土资源经济研究院等科研院所的一批知名专家，针对国家公园治理体系、国家公园立法、国家公园自然资源管理体制、国家公园规划、国家公园空间布局、国家公园生态系统和自然文化遗产保护、国家公园事权划分和资金机制、国家公园特许经营以及自然保护管理体制改革方向和路径等课题开展了认真研究。在担任建立国家公园体制试点专家组组长的时候，我认识了其中很多的学者，他们在国家公园相关领域渊博的学识，特别是对自然生态保护的热爱以及对我国生态文明建设的责任感，让我十分钦佩和感动。

此次组织出版的系列丛书也正是上述课题研究的重要成果。这些研究成果，为我们制定总体方案、推进国家公园体制改革提供了重要支撑。当然，这些研究成果的作用还远未充分发挥，有待进一步实现政策转化。

我衷心祝愿在上述成果的支撑和引导下，我国国家公园体制改革将会拥有更加美好的未来，也衷心希望我们所有人秉持对自然和历史的敬畏，合力推进国家公园体制建设，保护和利用好大自然留给我们的宝贵遗产，并完好无损地留给我们的子孙后代！

朱之鑫

原中央财经领导小组办公室主任

国家发展和改革委员会原副主任

序　言

经过近半个世纪的快速发展，中国一跃成为全球第二大经济体。但是，这一举世瞩目的成就也付出了高昂的资源和环境代价：野生动植物栖息地破碎化、生物多样性锐减、生态系统服务和功能退化、环境污染严重。经济发展的资源环境约束不断趋紧，制约着中国经济社会的可持续发展。如何有效地保护好中国最具代表性和最重要的生态系统与生物多样性，为中华民族的子孙后代留下这些宝贵的自然遗产成为亟须应对的严峻挑战。引入国际上广为接受并证明行之有效的国家公园理念，改革整合约占中国国土面积20%的各类自然保护地，在统一、规范和高效的原则指导下构建以国家公园为主体的自然保护地体系是中共十八届三中全会提出的应对这一挑战的重要决定。

国家公园是人类社会保护珍贵的自然和文化遗产的智慧方式之一。自1872年全球第一个国家公园在壮美蛮荒的美国黄石地区建立以来，在面临平衡资源保护与可持续利用的百般考验和千般淬炼中，国家公园脱颖而出，成为全球最具知名度、影响力和吸引力的自然保护地模式。据不完全统计，五大洲现有国家公园10000多处，构成了全球自然保护地体系最具生命力的一道亮丽风景线，是地球母亲亿万年的杰作——丰富的生物多样性和生态系统以及壮美的地质和天文景观——的庇护所和展示窗口。

因为较好地平衡了保护和利用的关系，国家公园巧妙地实现了自然和文化遗产的代际传承。经过一个多世纪的洗礼，国家公园的理念不断演变，内涵日渐丰富，从早期专注自然生态保护到后期兼顾自然与文化遗产保护，到现在演变成兼具资源保护和为人类提供体验自然和陶冶身心等多重功能。同时，国家公园还成为激发爱国热情、培养民族自豪感的最佳场所。国家公园理念在各国的资源保护与管理实践中得以不断扩展、凝练和升华。

中国国家公园体制建设既需要与国际接轨，又应符合中国国情。2015年，在国家公园体制建设工作启动伊始，保尔森基金会与国家发展和改革委员会就国家公园体制建设签订了合作框架协议，旨在通过中美双方合作开展各类研究与交流活动，科学、有序、高效地推进中国的国家公园体制建设，提升和完善中国的自然保护地体系，实现自然生态系统和文化遗产的有效保护和合理利用。在过去约3年的时间里，在河仁慈善基金会的慷慨资助下，双方共同委托国内外知名专家和研究团队，就中国国家公园体制建设顶层设计涉及的十几个重要领域开展了系统、深入的研究，包括国际案例、建设指南、空间规划、治理体系、立法、规划编制、自然资源管理体制、财政事权划分与资金机制、特许经营机制、自然保护管理体制改革方向和路径研究等，为中国国家公园体制建设奠定了良好的基础。

来自美国环球公园协会、国务院发展研究中心、清华大学、北京大学、同济大学、中国科学院生态环境研究中心、西南大学等14家研究机构和单位的百余名学者和研究人员完成了16个研究项目。现将这些研究报告集结成书，以飨众多关心和关注中国国家公园体制建设的读者，并希望对中国国家公园体制建设的各级决策者、基层实践者和其他参与者有所帮助。

作为世界上最大的两个经济体，中美两国共同肩负着保护人类家园——地球的神圣使命。美国在过去140年里积累的经验和教训可以为中国国家公园体制建设提供借鉴。我们衷心希望中美在国家公园建设和管理方面的交流与合作有助于增进两国政府间的互信和人民之间的友谊。

借此机会，我们对所有合作伙伴和参与研究项目的专家们致以诚挚的感谢！特别要感谢国家发展和改革委员会原副主任朱之鑫先生和保尔森基金会主席保尔森先生对合作项目的大力支持和指导，感谢河仁慈善基金会曹德旺先生的慷慨资助和曹德淦理事长对项目的悉心指导。我们期待着继续携手中美合作伙伴为中国的国家公园体制建设添砖加瓦，使国家公园成为展示美丽中国的最佳窗口。

彭福伟
国家发展和改革委员会
社会发展司副司长

牛红卫
保尔森基金会
环保总监

作者序

伴随党的十九大报告中“建立以国家公园为主体的自然保护地体系”要求的明确提出，中国国家公园体制建设再次成为相关学界、业界乃至广大公众关心热议的话题。作为落实生态文明战略，实现美丽中国的具体途径，以国家公园为主体的自然保护地体系建设既要承担解决现实问题的改革重担，又要体现全面创新的锐意进取。

从世界范围来看，国家公园在各个国家或地区的自然保护地体系中都面临着错综复杂的局面。在中国，不但毫无例外，还因为地域辽阔、人口众多、管理现状复杂、发展诉求多样等众多因素而显得更为扑朔迷离。编制具有科学性、系统性和前瞻性的规划显得十分必要。规划不仅是实现自然资源用途管制最直接的途径和有效手段，而且在帮助管理者和利益相关者共同参与国家公园管理方面，也具有举足轻重的意义。

本书正是基于这样的认识，对我国国家公园规划提出的建议。本书以“指南”的行文方式，对我国国家公园规划的目的与意义、层级与内容和总体规划相关技术，以及规划涉及的法治保障、科学性保障、规划管理制度、协调机制、公众参与机制等制度性要求提出了具体建议。为使本书提出的建议能够行之有效，在规划内容、技术和制度上让国家公园撑得起自然保护地中的“主体”地位，成为自然保护地体系改革的范本之一，在提出这些建议之前，本书编写团队开展了较为系统的研究工作，主要包括三个方面：其一，对美国、加拿大、新西兰、澳大利亚、英国、法国、巴西、俄罗斯等国家和中国台湾地区的国家公园规划进行了系统梳理；其二，分析了我国自然保护区、风景名胜区等自然保护地的相关规划，总结经验、发现问题、分析原因，同时也全面回顾了我们的研究团队在近20年来开展的各类自然保护地的规划实践；其三，对国家公园规划需求进行了分析，着重考虑国家公园规划需要解决哪些问题，需要什么样的技术手段和方法，如何保障国家公园规划能高质量落地实施。为能够将基于研究的政策建议尽快付梓，并保证本书阅读的连贯性，上述相关研究并未以成果形式纳入本书，不失为遗憾。但研究团队仍会深耕于此，陆续将研究成果以文章或著作等形式推出，为我国国家公园体制建设贡献绵薄之力。

我们深知国家公园规划相关政策尤其是顶层设计的重要意义，也在长期的自然保护地相关研究中积累了经验和教训，因此在本书研究与编写工作中，十分注意避免“一刀切”的政策，避免因程序性设计失误引发不公正现象，避免将国外经验简单套用等。国家公园规划编制复杂、研究者的经验与时间所限、国家公园体制建设顶层设计尚未明晰等诸多主客观原因仍然存在，编写团队难免挂一漏万。我们对国家公园事业牵挂始终，对其在自然保护地体系中的“主体”地位、在生态文明建设中的代表性地位充满期待，在体制机制设计中便难免“理想主义”。恳请读者批评指正，共同完善。

本书研究团队为清华大学建筑学院景观学系部分师生，除封面所列著者外，还有很多博士生、硕士生参与了本书的研究和编写工作，为本书相关研究付出了很多心血。他们是曹越、叶晶、宋松松、马志桐、陈爽云、张引、黄澄等。本书相关研究还得到了国务院发展研究中心苏杨研究员、中国城市规划设计研究院风景园林和景观研究分院贾建中院长、中国城市建设研究院王磐岩副院长、江西省城乡规划设计研究院周建国总工、北京林业大学雷光春教授和崔国发教授，以及保尔森基金会于广志博士等多位专家、学者的支持与帮助，收获了宝贵而诚恳的建议。保尔森基金会、河仁慈善基金会工作人员的努力让本书成果得以呈现。在此一并对上述和我们一起辛勤付出的专家、学者、老师和同学们表示感谢。

本书成稿之时，国家公园体制建设试点已经全面实施，国家部委机构改革已经拉开序幕，探索改革创新路径、梳理总结有效模式、提炼推广成功经验等研究已经迫在眉睫。我们的研究团队仍将不改初心，砥砺前行。

2018年7月8日于清华大学建筑学院景观学系

目　录

第1章　引　言

1.1　项目背景

2013年10月，党的十八届三中全会首次提出“建立国家公园体制”。2014年以来，国家发展和改革委员会会同有关部门有力、有序、有效推进着国家公园体制试点各项工作。青海三江源、东北虎豹、大熊猫、祁连山、湖北神农架、福建武夷山、浙江钱江源、湖南南山、北京长城、云南香格里拉普达措等10处国家公园体制试点区的实施方案已经全部通过，我国国家公园体制建设全面进入试点阶段。

2017年9月26日，中共中央办公厅和国务院办公厅印发了《建立国家公园体制总体方案》，在明确国家公园概念的基础上，从总体要求、科学界定国家公园内涵、建立统一事权和分级管理体制、建立资金保障制度、完善自然生态系统保护制度、构建社区协调发展制度、实施保障等方面，对如何建设中国国家公园做出了清晰的阐述，具有很强的指导性和科学性，也为国家公园总体规划提供了基本框架。至此，中国国家公园建设取得标志性进展。

随着国家公园体制建设工作的推进，各国家公园体制试点区将陆续进入总体规划编制阶段。目前，在国家公园规划顶层设计层面，尚未对规划内容、规划深度、规划适用的技术方法、规划成果形式等事项提出具体要求，也未对规划编制的组织管理、发布等制度性内容做出安排。

本书将为中国国家公园规划体系的建构提供思路，并从规划目标、内容、方法、程序等4个维度，对各项规划的编制要求提出具体建议。其中，国家公园总体规划是规划体系中最具综合性、基础性和指导性的规划。总体规划的质量不仅影响和决定着国家公园保护与管理的方向，并且是国家公园体制改革乃至生态文明建设取得预期成效的重要支撑。因此，本书将国家公园总体规划作为研究重点，以规划原则、技术方法和实施保障等内容作为研究主线，点线面结合，为我国制定统一、规范、科学的国家公园规划体系，提供翔实的研究基础、科学的技术途径和有效的政策建议。

1.2　研究方法

本书的基础性研究工作包括三部分内容：国家公园规划相关文献研究、我国国家公园体制试点区规划文件研究以及国家公园规划需求分析等。

文献研究的资料来源包括国内外专业期刊和学位论文、保护地规划文件、保护地法律法规和规划技术规程，以及国外国家公园规划指南等。研究过程中以美国、加拿大、英国、德国、新西兰、日本等国的国家公园规划文件作为分析样本，对这些国家的国家公园规划体系形成了基本认识。

本书作者还从我国国家公园体制试点区试点实施方案和总体规划方案中获得了有益的借鉴，并对青海三江源和湖北神农架国家公园总体规划方案（讨论稿）进行了案例研究。

本书主要面向国家公园规划编制人员和规划评审人员。研究过程中，在确定规划需求时，研究团队有针对性地采访了多位相关专业人士，访谈内容包括规划的指导方向、关键技术、管理机制和可操作性等方面。考虑到我国自然保护地管理体制的改革进程，国家公园建设应充分吸收现有保护地管理经验，采访对象还包括了自然保护区和风景名胜区的一线工作人员以及规划编制人员。

第2章　国家公园规划的目的与意义

2.1　建立完善的中国国家公园规划体系

当前，我国自然保护地呈多头管理的局面，其中既有历史原因也有现实改革难题，但监督执法的“碎片化”现象十分不利于自然保护地体系的可持续发展。建立国家公园体制的核心任务之一就是打破“九龙治水”，实现自然资源资产管理与国土空间用途管制的两个“统一行使”，这需要管理体制上的突破，也需要管理机制上的创新。国家公园规划体系的建立是实现上述目标的重要保障。

本书对中国国家公园规划体系的研究，将着眼于生态文明建设的时代背景，尝试在我国现有空间规划体系内为国家公园规划建立坐标点，明确国家公园规划与各级各类规划的衔接关系，规避以往出现的重叠冲突、朝令夕改等问题，为其他类型的自然保护地规划体系提供改革样本。

2.2　形成规范高效的国家公园规划管理机制

我国幅员辽阔、山河壮美，拥有大量珍贵的自然与人文景观资源，是世界上公认的自然文化遗产大国。经过60多年的发展，我国现有各类自然保护地约8000

处，所占国土面积已超过18%。这些自然保护地至少包括以下9个类型：自然保护区、风景名胜区、森林公园、地质公园、水利风景区、湿地公园、城市湿地公园、海洋特别保护区和海洋公园。

各类保护地的规划由保护地管理机构逐级上报，人民政府相应资源主管部门垂直管理。其中，编制体系完备且审批级别最高的是国家级自然保护区总体规划和国家级风景名胜区总体规划，均由国务院批准实施。在保护管理层面，上述两类规划都具有清晰的内容框架、保护对象、行动目标和技术支撑，但在管理措施执行过程中仍存在不可回避的现实矛盾。一方面，自然保护区总体规划对于资源利用的管制比较僵硬，静态的“三分区”模式难以对社区发展或其他人类活动影响做出动态响应，在自然资源富集的地区，人地矛盾时有出现；另一方面，风景名胜区总体规划保护分区与功能分区之间的对应关系不够明确，总体规划与详细规划之间存在空间与时序上的错位，导致规划在实施过程中障碍较多。

综上所述，在充分研究、总结和吸收我国自然保护地规划管理经验的基础上，中国国家公园应形成一套规范、高效的规划管理机制，实现自然资源资产全民共享、世代传承的长远目标。

2.3　探索我国自然保护地规划协调机制

自然保护地规划的有效实施需要与所在地区的国民经济和社会发展规划、城乡规划、土地利用规划以及环境保护、交通等专项规划和地方管理规定进行衔接。目前，在各类自然保护地规划编制指导文件和上位法中尚未明确提出衔接的具体方式和解决争议的具体程序，在规划实践中会出现制度脱节或规划内容相抵触等问题。

按照国家公园的定义与设立宗旨，国家公园总体规划应至少与自然保护区总体规划和风景名胜区总体规划具有同等的法律地位，符合国家主体功能区规划禁止开发区域的有关要求。通过协调机制创新，使国家公园规划有效衔接所在地区的国民经济和社会发展规划、城乡规划、土地利用规划，充分发挥“多规合一”效能，切实解决自然保护地（群）在空间和管理层面的交叉重叠问题。

第 3 章　国家公园规划的层级与内容

3.1　规划层级

规划层级多寡取决于实际规划需求、规划资源丰富度、规划实施管理难度等诸多因素。建议国家公园规划体系由多个层级的规划共同构成，其中包括国家公园系统规划、国家公园总体规划、国家公园专题规划、国家公园详细规划和国家公园年度工作计划共 5 个层级。各层级规划定位与规划的研究尺度和管理目标紧密关联，从全国性的发展框架过渡到每个国家公园的管理方案，从较为宏观的总体决策向更为详尽的实施计划转化，不同层级的规划将解决不同精度的保护管理问题。各层级规划之间的位势关系应具有强制性，并在未来出台的国家公园专项法中加以明确，即下位规划不能违背上位规划的基本原则和强制性规定。

3.2　原则与定位

国家公园规划体系中的各项规划都有其独特的指导功能与管理目标，并且在时间和层级上相互衔接、关联，因此在编制规划时，应首先明确规划内容，区分哪些问题最适合通过哪个层级的规划来解决，尽可能地减少层级之间的重叠或混淆。同时，规划分项目标必须遵循规划总体目标，规划短期目标必须遵循规划长期目标。

国家公园系统规划是全局性的、战略性的、框架性的，能够体现中国国家公园和自然保护地体系的发展理念。因此，规划目标面向中远期，是“自上而下”的规划，是各国家公园总体规划的上位规划。

国家公园总体规划的性质应理解为总体保护管理规划，是解决每个国家公园在未来较长时间内的发展方向和保护管理重要问题的综合性规划，是国家公园规划体系中最为重要的一类规划。每一处国家公园都应编制总体规划。总体规划的内容应体现“一园一情”并重视管理政策的可持续性，为专题规划和详细规划提供上位依据并划定规划底线。落实总体规划目标需要国家公园管理单位制订相应的实施计划，是提出年度工作计划的依据之一。

国家公园专题规划是对总体规划目标的细化和深化，是对一类或几类保护管理目标的纵向研究，其研究结论可在总体规划进行修订时得到体现，也可以直接影响详细规划的编制。

国家公园详细规划是园区特定空间范围内保护管理目标的具体行动方案。详细规划的编制应符合国家公园总体规划要求，体现专题规划的研究结论，明确规划范围内各类设施建设的详细位置、规模和控制条件。合规的详细规划的实施成果将作为编制新一轮总体规划和专题规划的基础现状。

国家公园年度工作计划是总体规划、专题规划和详细规划的实施计划分项。年度工作计划中应包含上一年度工作目标的完成情况及总结报告，编写完整的工作计划将为各类规划修订提供参考依据。

3.3　系统规划

国家公园系统规划要解决的核心问题是国家公园在中国国土和海域范围内将

如何设立和布局才能突出我国自然资源的典型性和代表性。因此，系统规划的编制和组织实施都应是自上而下的，不同于目前各类自然保护地普遍采用的“地方申报”模式。国家公园系统规划应对我国国家公园的总体数量、区域分布和保护资源完整性进行统筹考量。我国应在国家层面制定宏观指导框架和长远发展目标，综合分析我国各类资源属性，划分生态地理分区，按照中国国家公园的定义要求，形成具有系统性、科学性和国家代表性的国家公园规划布局。

通过整合、分析现有自然保护地数据，以及全域遥感影像判读，识别我国重要自然资源的保护范围，为编制系统规划提供工作底图，如全国生态系统类型分布图、全国森林资源分布图、国家重点保护野生动植物富集区分布图、全国自然风景河流分布图、全国荒野地分布图等。这需要多学科研究团队的共同协作，以及各级各类自然保护地管理单位的通力支持。

国家公园系统规划成果应包含三个部分：

（1）呈现国家公园体系发展蓝图，勾勒出已建立的国家公园（体制试点区）边界和有待探索的重要区域；

（2）制订一份中长期发展计划，主要内容包括资源现状总结、发展原则、规划目标、地区布局、优先保护区域、经费来源、实施保障和管理能力建设等，以及相应的规划分析图纸；

（3）每 5 年制订一份规划实施纲要并更新规划工作底图，为国民经济和社会发展规划纲要提供编制依据。

3.4　总体规划

国家公园总体规划应理解为总体保护管理规划，是确定和部署一个国家公园在未来较长时间内的发展方向和保护管理重要事项的综合性、长远性和方向性计划。这是国家公园规划体系中最为重要的一类规划，每一处国家公园都应编制总体规划。

国家公园总体规划的编制，应当以保护资源为首要目标，制订综合性和持久性的管理方针与行动计划，并依据资源价值及特征对国家公园进行功能分区，突出资源的完整性、原真性和地域性特色，科学、合理布局各类设施。总体规划还应遵循建设服从保护的基本原则，为公众提供生态体验和环境教育机会，促进当地社会可持续发展。

总体规划文件应首先明确国家公园的性质、价值和保护管理目标，即国家公园的代表性是什么，需要保护的价值特征是什么。围绕价值保护建立规划目标体系，从而对管理措施提出一系列纲领性建议，通过各项行动的长期执行来实现总体规划预期目标。当资源保护技术取得重大进步或外部经济社会条件发生显著改变时，规划中相应的管理措施及行动建议也应随之调整。

总体规划中的专项规划内容由国家公园的功能决定，是总体规划中的分项保护管理措施，并逐一对应总体规划目标体系。专项规划中应至少包含资源保护与监测、游憩体验和社区管理三项内容，这三项内容是支撑国家公园保护管理工作的基础性内容。规划内容的表述方式应区分软性规划条件和硬性规划限制。前者是对于下位规划的控制性原则，如建设规模控制、景观风貌控制、实施技术选择等；后者是就空间用途和管理政策提出的强制性要求，下位规划必须依照总体规划执行，如公园边界、分区范围、访客容量等。

国家公园总体规划内容详见本书第 4.3 节。

3.5　专题规划

专题规划是国家公园规划体系的重要组成部分，是在总体规划框架下，针对专类问题制订的具体解决方案，如资源监测专题规划、环境教育专题规划、访客管理专题规划、重要野生动植物保护专题规划等。专题规划的编制需要以充分调研为基础，并提出较为细致的规划措施。相较于国家公园总体规划中的专项规划内容，专题规划更具有系统性、客观性和长效性，规划成果适用期可以超过总体规划，规划深度及研究成果应连通总体规划与详细规划。对于新编制总体规划的国家公园，在总体规划编制期间可以开展专题规划的相关研究工作。

专题规划应遵循按需编制原则。每一处国家公园所拥有的资源条件各不相同，面临的现状问题也千差万别，部分重要资源和关键问题需要从技术层面有针对性地制订管理措施。

以资源监测专题规划为例，国家公园管理单位应尽可能整合现有各类监测数据，包括不同行政管理部门提供的源数据，在统一的信息平台上反映国家公园生态系统健康指数和环境影响压力指数。编制方应在专题规划中提出数据收集路径、数据统合标准、关键指标提取方案、信息平台搭建策略、响应措施落实保障等。规划成果中需对国家公园管理单位相关工作部门应参与的工作进行清晰表述。

3.6　详细规划

国家公园范围内绝大多数土地为自然区域，应尽量减少人工设施建设，降低人类活动干扰，并不具备全园编制详细规划的普遍需求。因此，详细规划应遵循局部编制原则，在国家公园总体规划的指导下，根据园内不同分区的保护管理需求进行编制。按照详细规划所研究范围的大小还可以分为控制性详细规划和修建性详细规划。

控制性详细规划主要适用于空间尺度较大、包含多个园区、体验线路较为分散的国家公园。通过控制性详细规划对分区内的空间用途管制进一步细化，承接总体规划空间布局，为修建性详细规划转换精度。

修建性详细规划则用于设施建设集中区域、土地利用性质复杂区域以及生态敏感的关键区域，针对各类设施建设项目的具体选址、布局和用地规模，提出更为详细的约束性设计条件，集中力量解决资源保护与利用之间的矛盾。因此，编制修建性详细规划需要进行大量的前期场地勘察，充分掌握土地利用现状，科学测算工程量并评估建设影响。

3.7　年度工作计划

年度工作计划主要体现国家公园规划目标体系中的时效性任务，由国家公园管理单位自行编制和执行，国务院国家公园行政主管部门负责审核。在编制年度工作计划时，国家公园管理单位根据总体规划和各类专题规划的要求，制订下一年度的保护管理措施，并对本年度工作计划完成情况进行总结，总结内容纳入资源监测本底文件。

年度工作计划作为国家公园管理单位保护管理成效考核的重要组成部分，建议应包括以下内容：

（1）各项长期管理目标的年度实施计划；

（2）下一年度落实专项工作的人力资源调配需求和财政预算；

（3）本年度未完成目标原因分析以及后续执行计划。

国家公园年度工作计划的编制应广泛吸纳利益相关者的意见，工作计划文本需纳入国家公园管理单位和上级行政主管部门的信息公开清单。对于工作计划执行过程中社会公众所提出的建议，国家公园管理单位有义务进行书面回复。

第 4 章　国家公园总体规划技术指南

4.1　编制目的

国家公园管理制度的完善和设施建设水平的整体提升需要长时间的发展积淀和稳定的政策引导，规划的作用尤为重要。国家公园总体规划是前瞻性、综合性、系统性的规划，应以保护为核心目标，清晰阐述资源价值的理想保护状态，对一系列的保护管理行动提出纲领性建议，为国家公园管理者提供决策依据和执行标准。

总体规划还为专题规划、详细规划、年度工作计划提供编制依据和上位指导，为各类专项研究建立工作框架，为各类设施建设制订控制原则，为推动实现统一、规范、高效的自然资源资产管理和空间用途管制提供有效手段。

4.2　编制流程

国家公园应当自设立之日起 2 年内编制完成总体规划，规划有效期为 20 年。分期实施目标应符合：（1）近期规划 5 年以内；（2）中期规划 6～10 年；（3）远期规划 11～20 年；（4）使命期规划不设上限。

4.2.1　前期研究

国家公园管理单位应组织相关领域专家进行前期研讨，在现有资料数据基础上对国家公园的价值以及资源保护和管理现状做出初步评价，从现存主要矛盾出发，对国家公园的定位、目标、功能等战略问题进行前瞻性研究，以此作为国家公园总体规划编制的工作基础。而后，国家公园管理单位向国务院国家公园规划主管部门提出规划编制申请报告。

对于首次编制总体规划的国家公园，国家公园管理单位应委托专业机构进行外业调查。资源本底调查报告将作为总体规划编制研究的基础性文件，调查结果应至少能反映一个完整的生态年份。

4.2.2　组建团队

国务院国家公园行政主管部门连同国家公园管理单位以择优遴选为基本原则，组织公开招投标活动。拟参与投标遴选的单位或团队应认真阅读前期研究成果，提交首席规划师及总体规划编制团队名单（由多学科背景的专业人员组成）。国务院国家公园行政主管部门连同国家公园管理单位遴选出高水准的首席规划师及团队承担总体规划的编制任务。

4.2.3　全面调查

总体规划编制团队全面展开资料收集和实地勘察工作。国家公园管理单位负责提供规划所需的各类基础资料和必要的人员配合。资料收集和现场调研的内容包含但不限于地形、气象、水文、地质、生物、历史、文化、人口、经济、社会等信息。

4.2.4　综合分析

规划编制团队对所掌握的资料进行综合分析。分析方法应包括但不限于敏感性分析、重要性分析、适宜性分析等。分析内容应包含但不限于国家公园自然与人文资源的类型、特征、分布及其多重价值；国家公园生态、环境、社会和区域影响因素；国家公园保护管理现状问题及矛盾等。同时，还应充分梳理国家公园范围内现存的各级各类保护对象的状况（如世界遗产、国家文物保护单位、国家重点保护野生动植物等）。

4.2.5　价值陈述

规划编制团队在前期研究、全面调查、综合分析的基础上，根据国家公园的资源本底价值编写国家公园价值陈述报告，提出价值载体清单。

4.2.6　确定规划目标

规划编制团队在调查、分析的基础上，以国家公园本底价值的严格保护为根本出发点，建立完善的总体规划目标体系。

4.2.7　编制规划大纲

获得规划编制权的首席规划师及团队应会同国家公园管理单位编制国家公园总体规划大纲，明确总体规划中的重大问题并作为规划编制工作开展的重要依据。

关于首席规划师及团队的论述，详见本书第 5.2 节相关内容。

4.2.8 编制分区规划

规划编制团队对国家公园进行空间区划研究，应依据资源本底价值的保护力度和规划目标体系确定各类功能分区，并针对不同分区的定位和保护管理原则提出空间管控措施。

4.2.9 编制专项规划

规划编制团队在总体规划的框架下开展专项研究，包括保护与监测规划、生态体验与访客管理规划、社区管理规划等。

4.2.10 规划环境影响评估

在分区规划和专项规划内容编制过程中，规划编制团队应根据自然资源资产保护要求和不同层级保护管控力度的情景模式，拟定不少于 3 个备选方案进行比较，并根据潜在环境影响预测与评价择优选定规划实施方案。

总体规划实施后还应开展后续的监测工作及规划环境影响评估，根据新发现的情况和问题对原规划方案做出必要的调整、补充和修订。相关改动应进行公示及公众意见征集，最后按规定程序要求提请原审批机关同意。

规划环境影响评估内容详见本书第 4.3.7 节。

4.2.11 评审及审批环节

总体规划编制完成后，由国家公园管理单位遵照相关规定程序，组织开展社会公众意见征集、专家评审、省级行政主管部门会签等环节，最终规划成果由国务院国家公园行政主管部门审查后，报国务院审批。

4.2.12　实施环节

总体规划方案经国务院审批后，具有法律效力并进入实施环节。规划实施方案应通过国务院国家公园行政主管部门、国家公园管理单位等多个渠道向社会公众发布，公示期后任何组织和个人有权申请查阅。

国家公园总体规划编制流程如图 4-1 所示。

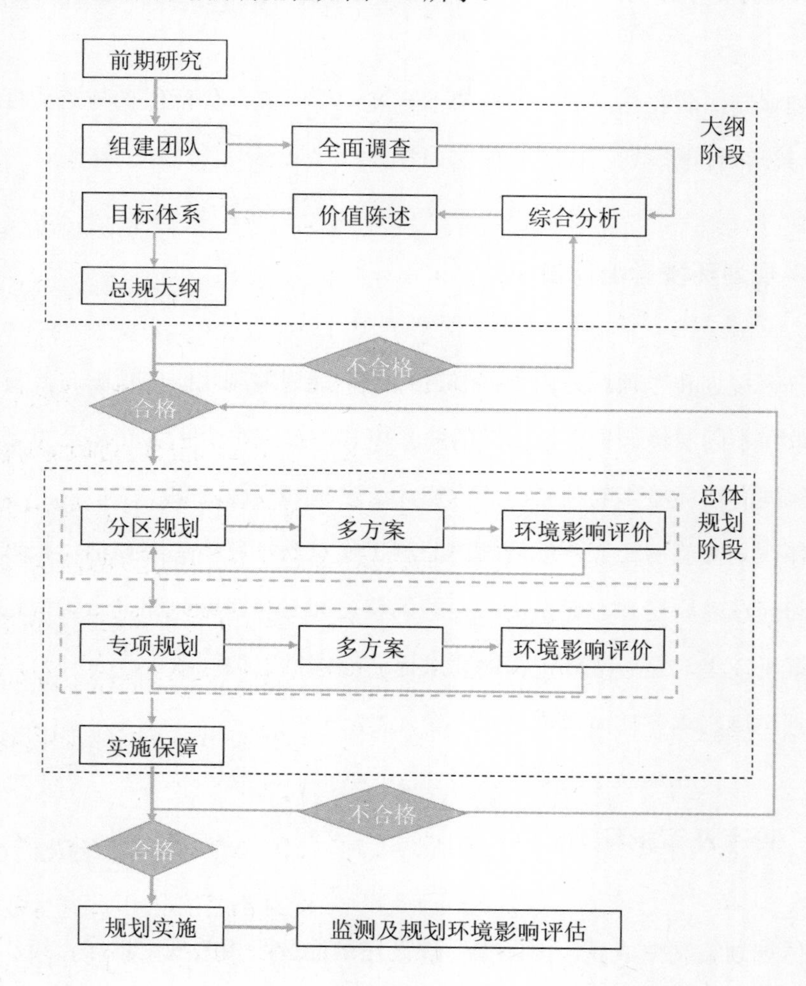

图 4-1　国家公园总体规划编制流程

对于非首次编制总体规划的国家公园，在资源本底条件未发生显著改变的前提下，规划编制团队可以沿用过往的资源调查结果、价值陈述和目标体系，但对关键保护物种和重要规划问题应补充最新的基础资料。

4.3　规划内容

4.3.1　价值陈述

价值陈述是对每个国家公园资源禀赋的系统性阐释。价值可分为内在价值与使用价值两大类。每个国家公园依情况差异，可进一步细分为地质地貌价值、生态系统价值、物种多样性价值、文化景观价值等价值亚类。价值陈述中应明确价值载体及其特征。

价值陈述作为国家公园总体规划的基础性组成部分，具有不可替代的重要作用，是制订保护管理目标的关键依据。一方面，价值陈述应基于充分的资源本底调查、科学研究和比较分析，其结论不因少数利益相关方的意志而改变。在总体规划修编时，可补充新的支撑材料或更新价值认定。

另一方面，总结、阐释国家公园资源价值同样是凝聚保护共识的过程，编入国家公园总体规划的资源价值应得到各方认同并形成自觉保护意识。规划目标体系和各项规划措施的制订都应当以价值保护为基本出发点。国家公园体制建设成熟期，价值陈述文件可独立于总体规划成果，成为每个国家公园管理单位持有的法定性文件，作为编制各类规划的上位依据。

4.3.2 规划目标

总体规划内容是以资源的整体保护、访客的体验管理和社区管理为阐述重点，需要在严格保护与永续利用之间达成有效平衡，并通过功能分区与管理区划的有效耦合，建立各利益相关方共同认同的保护管理目标体系。

目标体系的确立具有两方面功能。首先是为现状问题寻找解决途径，其次是为国家公园的未来发展设定理想状态。因此，目标体系应包含分类目标和分期目标两个维度，两者相结合构成目标矩阵。近期目标应侧重定量的、可直接考核的目标；远期目标则偏向定性的、可描述的状态目标。

4.3.3 分区规划

国家公园分区规划的目标是将存在保护与利用矛盾的土地利用方式从空间上区别开，明确每一块土地的保护严格程度和利用强度，统筹协调资源保护和利用的关系。

1. 分区原则

（1）以价值为基础

针对价值陈述，明确价值载体的时空分布，作为分区规划的主要依据之一。

（2）强调同一分区内政策的一致性

同一分区内政策一致是分区规划的基本原则，其有利于规划实施者严格按照规划执行。分区规划应综合考虑国家公园价值、资源的敏感性特征、游憩体验与社区的利用强度等多方面因素，形成逻辑结构清晰、空间边界明确的规划方案。

（3）强调分区规划的指导性

分区规划是承接价值陈述、规划目标体系与专项规划的纽带，同时也是各类专项规划的指导。各类专项规划政策的制定要依据分区规划中确定的保护与利用强度。

2. 分区规划建议

分区规划是在总体规划层面实现国土空间用途管制的具体手段。根据对世界国家公园分区规划依据、原则和内容的分析，本书为中国国家公园分区规划给出以下五点建议。

（1）综合的分区依据

分区规划依据应具有综合性。在进行分区规划时，应考虑以下内容：

a. 国家公园价值以及价值载体的重要性和敏感性特征及分布规律，即考虑国家公园各类价值应分别在哪些空间予以保护和展示。

b. 规划目标，即考虑规划设定的目标需在哪些空间得以实现。同时，分区规划应反映国家公园保护的理想状态，即确定哪些区域应为免受人类干扰的区域，哪些区域应为人类干扰分级控制区。

c. 现状问题，判断现状问题的分布及其规律，分析问题产生的原因及其时空变化，从而考虑解决现状问题的相关政策应落实在哪些空间。

d. 功能界定，考虑国家公园各区域的主要功能，如生态保护、游憩体验、设施建设、社区利用等，判断每一地块的主要功能以及各类功能在同一地块的兼容性。

（2）细化的空间分区

基于国家公园价值、目标体系、现状问题和功能定位，建议分区至少分为三个大类和若干个小类，以便更细致地提出保护管理政策。分区大类可按照资源受保护的严格程度进行划分，如划分为严格保护区、低强度利用区和高强度利用区等；或核心保护区、生态恢复区和传统利用区等。按照主要功能的不同，在每一大类下划分若干小类，以区分不同的管理政策，如在低强度利用区，再进一步细分为生态修复区、社区传统利用区等；在高强度利用区，再进一步划分为设施建设区、居民建设区等。

考虑我国自然保护地类型多样，资源条件差异较大，建设国家公园所面临的现状问题各有不同，本书对分区规划的分类方式、分类名称、分类数量不做统一规定。但应该强调的是，细化的分区空间和政策有助于避免“一刀切”式的粗放管理手段。各国家公园管理机构应根据保护目标和对象的不同，因地制宜地选择分区类型和相对应的管理政策。

在总体规划中，分区规划方案还应对专项规划内容具有指导性。分区规划应是较为严密逻辑结构下的系统分析产物，应使各类分区依据能实现逻辑自洽、他洽，并充分考虑各类分区之间的差异。

对于分区空间和政策的细化，并不意味着在全园范围内按照统一的细化程度进行分区规划，而是应当针对价值、目标、问题和定位，适地适情地进行分区，从而避免过度规划，增加管理负担。例如，当国家公园范围内较大面积的自然生态系统处于健康且稳定状态，无须进行人为干预时，即可划为同一分区；对于人类干扰程度较高且资源利用情形较为复杂的区域，分区范围应尽可能细化，如在国家公园入口区或承载游憩服务的主要区域内，可再分为设施建设区、居民利用区、游憩服务区等子类，以便制订和实施不同的保护管理措施。

（3）可量化的分区管理政策

每一类分区的管理政策都应包括以下四方面内容，并制订可量化的评估指标：

a. 对保护严格程度的界定，如分区内是否允许采取人工措施进行保护，以及允许多大程度的人工干预；

b. 对人类活动的界定，包括生态体验活动、环境教育活动、科学研究活动、社区利用活动等，对各类活动的规模、方式和程度进行界定；

c. 对设施建设的界定，如分区内是否允许设施建设，以及允许哪种类型和规模的设施建设；

d. 对土地利用的界定，如分区内土地利用现状是否可以改变、可以改变为何种土地利用类型，以及允许改变的面积比例。

（4）基于多学科研究的多方案比较

在分区规划阶段应进行多方案比较，并进行潜在环境影响评价，从而选定最优方案。多方案比较应基于多学科研究基础，从资源保护、游憩体验、社区管理等多个方面进行综合考量，以增强规划编制的科学性和客观性，为规划方案的最终决策者和实施者提供严谨的规划依据。

（5）基于生态系统保护原理的功能分区

依据生态系统保护的基本原理，并充分考虑生态过程的完整性，以及受人类干扰的时间性差异（如季节性差异、一天内不同时段访客数量的峰谷变化和行为模式差异）等因素，分区划定是可调整的，甚至是动态变化的。例如，划定为生态修复功能的区域，当生态系统恢复到预期稳定水平，则可以调整分区范围或保护管理措施；再如，某些区域内可承载的游憩活动受季节性影响较大，那么在非游憩利用季节，可将该区域调整为生态保育区，或者执行更为严格的保护管理措施。

必须注意的是，分区调整和变化应基于科学研究、长期监测、影响评估等综合依据，而非经验式的武断判定。

4.3.4　保护与监测规划

1. 目标

国家公园的首要功能是保护自然资源价值的原真性和完整性。在资源本底调查的基础上，统筹制订各类资源的保护目标、管理措施和监测体系，是国家公园科学、可持续发展的核心路径。

2. 原则

（1）整体保护原则

规划应强调自然资源资产的整体保护。保护对象是国家公园生态系统的各个组成部分与各类自然过程。

（2）价值导向原则

规划应强调“价值—价值载体—保护对象”的内在逻辑，以价值识别为基础，分析价值的核心载体，从而明确保护对象。保护与监测规划应针对保护对象的状态与特征制订保护目标、保护措施、监测体系等。

（3）减少干预原则

规划应秉承减少人工干预的理念，对于自然资源和自然过程处于相对原生状态的区域，应减少人为扰动；对于自然资源或自然过程正在退化或已遭到破坏的区域，应以自然恢复为主，辅以必要的人工干预，并根据资源特点或退化、破坏程度提出恢复和修复措施。

（4）可操作性原则

规划的实施路径应贴合国家公园实际情况，确保规划实施的可操作性。例如，保护目标的确定应符合事物发展的客观规律，保护措施与监测体系的制订应充分考虑国家公园管理单位的工作条件、技术支撑与人员构成等因素。

（5）多方合作原则

规划应提出自然资源保护与监测的多方合作机制，明确国家公园管理机构、属地人民政府、利益相关方之间的合作关系、合作内容与合作模式。鼓励公众参与保护，激发全民保护意识，从而更为有效地保护国家公园自然资源的原真性和完整性。

3. 内容

（1）现状调查与评价

国家公园总体规划编制前期，应对研究范围内的资源现状进行充分调查，并对自然资源资产管理状况进行评估。

调查对象应至少包含以下五个方面：生物和非生物资源、文化资源、环境状况、保护管理设施、管理体制。非生物资源是指大气、水、土地、能源、矿产等；生物资源是指动植物及栖息地（森林、草原、湿地、荒漠、海洋、河流、湖泊等生态系统）；文化资源是指文物保护单位和非物质文化遗产；环境状况包括但不限于环境质量，污染物种类、分布和排放量；保护管理设施方面应调查其功能、空间分布、规模、运行及维护状况等信息；管理体制方面应调查国家公园范围内已设立的保护管理机构的组织架构和人员编制、与属地人民政府的合作关系等信息。

不同于总体规划编制前的基础资料外业调研，现状调查应着重关注国家公园内最具典型性和代表性的资源特征，须实事求是地记录资源的数量、分布和状况（如健康度、稳定度等），调查结果应至少能够反映一个完整的生态年份。必要时可邀请相关研究领域的专家座谈，或聘请专业团队补充外业调研。对于不同类型的自然资源，需采取相应的科学调研方法。例如，对植被生长情况的调查可以采用路线踏查法、样地法、定点取样法、多优度与群集度打分法、遥感影像判读等方法；对于野生动物的调查可以采用样线法、样点统计法、红外相机监测等方法。

现状评价应包括对资源的重要度、敏感度和受干扰程度的评估，研判环境质量变化的成因，以及当前资源保护管理有效性的评估。其中，自然资源评估结果是国家公园价值识别的基础，可以选用代表性、独特性、典型性、稀有性、脆弱性、多样性、原始性、景观价值、科研价值等作为评价指标。

（2）价值识别与问题分析

基于对国家公园资源类型、特征、分布和状况的充分了解，识别国家公园资源价值，以及资源保护管理过程中既有或潜在的关键问题，对问题形成原因和相关主体进行分析。

（3）明确保护对象

在国家公园价值识别和价值载体识别的基础上明确保护对象，具体可以分为以下 5 类：自然非生物资源、自然物理过程（包含自然景观）、生物资源、生态过程、文化资源。这些保护对象应能够体现国家公园的整体特征和突出价值，同时规划措施还应重视对本地区和谐朴素的自然观的保护。

（4）制订保护对象分类保护目标

针对不同类型的保护对象制订不同程度的保护目标，并提出保护最终要达成的理想状态。

（5）制订保护对象分类保护管理措施

对于不同类型的保护对象，其保护原则和方式方法各有不同，如生态系统应坚持以自然恢复为主，其他措施为辅，而保护文化资源则有可能需要社会力量的介入。因此，规划措施的提出应具有针对性和可操作性，需充分考量保护对象现状与目标状态之间的差距，在保护强度与人工干预程度上有所区别。同时，局部保护管理措施应遵循整体保护目标，单一保护对象的重要性应在系统性价值中体现。

（6）构建监测指标体系

规划应建立以价值保护为基础的、科学系统的监测指标体系，并与国家公园功能分区管理政策相一致，监测的频率和标准依分区情况而有所侧重。

监测对象除了自然资源状态，还可以将生态体验影响、环境教育质量、社区参与程度、公园管理效能等方面纳入监测体系，使监测指标发挥更大指示作用。

建议规划采用“状态—压力—响应”模型，以国家公园价值载体为监测对象，建立“保护对象状态—关键压力因子—关键响应措施”指标体系。指标的选取需能够准确评估监测对象的状况，且可以量化。状态监测指标应能够评估保护对象的健康度和稳定性，如草场退化等；关键压力因子指标应反映出干扰因素的核心变量，如访客规模等；关键响应措施指标应评估管理措施的实施情况，如预约访客比例等。

（7）建立完善的监测机制

规划中应对监测机制的建立进行阐述，包括监测机构和执行人员、监测反馈机制、人才培养机制和公众参与机制等方面。

规划建议包括：国家公园管理单位与相关科研机构、监测机构建立长期合作，提升监测的科学性与准确性，有效共享和利用监测数据；建立第三方评估制度，由生态环境部、自然资源部国家公园管理局以外的非政府组织或科研单位对国家公园的建设和保护管理状况进行评估。

4. 应注意的问题

（1）基于科学研究

国家公园总体规划编制过程中，应充分收集、整理和分析已有的科研成果，并邀请相关领域专家参与规划，促进自然资源的科学保护。对缺失的研究内容，必要时应采取补充调研、访谈等方式获取信息。国家公园管理单位有义务长期关注各类保护对象的研究进展，并及时向规划编制团队提供相关信息。

规划编制团队应与国家公园管理单位的科研部门，以及相关领域的专业团队广泛合作，组织专家研讨会，征求多方意见。

（2）适应动态管理

规划应体现出监测、评估、规划、实施四个方面在国家公园保护管理中的动态联系。通过收集、分析监测数据，国家公园管理单位或第三方机构应对自然资源状态以及保护成效进行动态评估，若保护效果出现问题，应分析具体原因并核实总体规划中保护目标及管理措施的可操作性，可由国家公园管理单位在规划实施计划中进行完善，并开展新一轮的监测与评估。

（3）监测指标标准在使用中完善

监测指标标准的制订应当基于相关科学研究。对于规划编制阶段暂时无法定量的监测指标，应在后续监测过程中不断积累数据，逐步完善标准；对于规划阶段，因数据信息不足等原因暂时无法明确保护管理措施的保护对象，需采取谨慎态度，持续观察状态变化趋势，基于长期监测、科学分析后再制定相关保护政策，可通过专题规划进一步深化。

（4）统筹考虑近期与远期目标

在保护和监测专项规划中，应注意统筹近期和远期目标，既要涵盖保护对象在规划远期应达到的理想状态，又要根据不同保护对象的实际情况制订近期可实现的管理或修复目标。在监测体系中，“状态类”监测指标一般应侧重关注需长期监测的基本生态环境指标，如水质、空气质量等；“响应类”监测指标，应偏重关注那些可快速反映近期相关措施实施影响的指标，如某管理区域实施管理措施，由原来允许人类活动改为禁止人类活动后，可检测植被恢复情况的相关指标，如植被盖度、特定植物的出现与否等。

（5）关注气候变化

规划编制团队应关注区域气候变化趋势对于规划方案的潜在影响，包括价值载体的保护目标、管理措施和监测指标的制订。

4.3.5 游憩体验与访客管理规划

1. 目的

游憩活动是全面展示国家公园自然资源保护价值的重要窗口，是凝聚保护共识、促进保护合作的有效手段之一。国家公园总体规划中的游憩体验和访客管理专项规划内容，应着力为公众提供亲近自然、体验自然、了解自然的游憩机会，确保访客活动不会对国家公园造成不可接受的负面影响。

2. 原则

（1）保护优先原则

规划须坚持保护优先原则，保护自然生态系统的原真性和完整性，突出严格保护、整体保护、系统保护的规划导向，积极开展自然环境教育。国家公园的游憩体验类型应区别于其他自然保护地，访客活动组织应统筹考虑自然生态系统的完整性以及周边地区经济社会发展的需要，注重体验项目的生态影响分析，强调负面影响的可控性和可预测性，通过制定访客管理标准、规范，将游憩体验的负面影响控制在可接受的范围内。

（2）价值导向原则

规划措施应基于价值识别成果，向公众全面展示国家公园具有典型性、代表性的自然资源及其保护价值。

（3）教育性原则

规划内容应关注自然环境教育。通过适当的方式，环境教育可以向访客传递国家公园发展理念、规范访客行为、激发人们的自然保护意识、增强民族自豪感。

（4）参与性原则

规划应强调访客在游憩体验中的参与性，加深访客对国家公园价值的理解和人类活动对环境影响的认识。鼓励本地居民参与访客管理工作，有助于加深居民对国家公园发展目标的了解，建立归属感和荣誉感。

（5）可操作性原则

规划应充分考虑国家公园现状条件，论证游憩体验项目开展的可行性和访客管理措施的可操作性。

3. 内容

（1）现状调查与评估

规划编制团队应对国家公园范围内现有的游憩体验活动进行摸底调查，并对访客管理水平进行评估，调查和评估的内容包括但不限于：

a. 旅游发展现状：国家公园所在地区的旅游经济收入总量及构成、游客规模时空分布及变化趋势、客源地、出行目的、人均消费等游客特征。

b. 已编制和实施的旅游规划：收集分析国家公园所在省域、市域、县域旅游相关规划，了解国家公园周边区域的旅游资源分布情况，梳理区域旅游线路与国家公园的连接关系，对相关游客规模数据和预测信息进行研判。

c. 游憩体验现状：国家公园范围内现有的游憩体验线路和体验项目，访客满意度和预期体验，游憩活动的生态影响和社会影响等。

d. 访客管理现状：现有的访客管理机制、管理单位、管理措施、管理成效等。

e. 设施现状：现有的道路系统、游憩体验设施、环境教育设施、访客管理设施、相关服务设施、环卫设施等，需掌握设施的运行、维护情况和环境影响。

（2）载体识别与问题分析

基于国家公园价值识别成果，厘清作为游憩体验资源利用的价值载体清单，分析游憩管理现状的关键问题和主要成因。

（3）确定访客类型

国家公园在保护自然资源的首要前提下，还应为公众提供环境教育和游憩体验机会，为专业科研团队提供研究机会。基于上述功能定位，国家公园的访客类型包括游客、志愿者、旅游从业者、非政府组织、教育机构、研究团体和部分社区居民等。

规划编制团队应对生态体验和环境教育活动所吸引的访客类型及特征进行预判分析，包括到访目的、预期的体验时长、体验偏好、主要客源地等方面。

（4）游憩体验规划

国家公园应为访客提供不同种类的游憩体验机会，但游憩机会的提供必须与国家公园发展目标相一致，不能成为破坏国家公园资源的“借口”。因此，游憩体验规划应遵循功能分区的管理政策（可开展游憩活动的区域和资源使用强度），在此基础上，提出不同活动范围内所应维持的资源状况、社会状况、管理状况，以及可接受的改变极限。

游憩体验规划应包含以下内容:

a. 建立游憩体验与价值展示和访客类型的对应关系。

b. 建立体验项目分类体系，如体验对象特征（可感知性、可到达性、氛围要求）和体验活动特征（时间投入、体力投入、舒适度），归纳形成访客游憩体验机会谱系。

c. 体验项目说明，描述项目的适宜人群、适宜时间、体验方式（交通方式、参与程度、六感体验）和环境承载容量，以及环境教育、设施设备、环境影响、影响监测和公众参与等内容。

d. 体验线路规划，明确线路名称、长度和提供的游憩体验机会，以及体验空间位置和所需时间等内容。

e. 体验设施规划，应严格控制设施建设量，尽量减少新建设施。

f. 若国家公园分为不同园区，应对各园区体验机会、体验线路的连续性和完整性提出措施保障。

在体验项目的影响监测中，规划应明确提出可接受的环境改变量，并选取可量化的监测指标来反映体验载体的维持状况。指标的选取需要生态学研究成果作为理论支撑，如生态承载力和生态恢复力等。部分监测指标应纳入国家公园价值保护与监测规划之内。

（5）环境教育规划

国家公园环境教育工作不仅要面向已经到访或即将到访的人群，而且要面向所有国民。国家公园环境教育是展现国家自然美景的窗口，是激发人们热爱自然、建立保护意识的助推器，是社会公众与国家公园管理工作人员、专业人士进行交流互动的平台。

环境教育规划应包含以下内容:

a. 建立“价值—解说主题—解说专题—知识点”解说体系。从国家公园的价值出发，提出解说主题，主题进一步细分为若干专题，在解说知识点中阐释国家公园价值、描述价值载体、扩展相关内容。

表 4-1　解说体系示意

<table>
<tr><th>价值</th><th>解说主题</th><th>解说专题</th><th>解说知识点</th></tr>
<tr><td rowspan="8">价值 1</td><td rowspan="8">主题 A</td><td rowspan="4">专题 A1</td><td>专题 A11</td></tr>
<tr><td>专题 A12</td></tr>
<tr><td>……</td></tr>
<tr><td>专题 A1N</td></tr>
<tr><td rowspan="4">专题 A2</td><td>专题 A21</td></tr>
<tr><td>专题 A22</td></tr>
<tr><td>……</td></tr>
<tr><td>专题 A2N</td></tr>
</table>

b. 解说空间分布。以价值载体分布为基础，明确开展环境教育活动、进行解说的空间位置。

c. 解说深度。应在不同种类的体验项目中为不同类型的访客提供不同深度的解说。根据体验项目所展示的资源价值、到访主体与到访目的，在解说主题层面对解说深度有所统筹。不同深度的解说在目的、用语、推荐方式、借助场所、话题扩展、交流互动模式上应有所区别。

d. 环境教育方式。规划应对不同环境教育项目开展的方式进行阐述，如自导式或向导式、被动式或参与式等。

e. 环境教育设施，应尽量结合现有设施开展教育活动。

f. 环境教育周期，应对访前、访中及访后进行全周期规划。

g. 环境教育机制。规划应对国家公园环境教育机制提出建议，如建立解说教育工作部门、邀请社会各界共同参与、设立示范项目等。

（6）游憩体验影响分析

规划应描述游憩体验项目的影响。影响分为生态影响和社会影响两大类。生态影响包括动植物及栖息地、生态过程、自然环境、自然景观风貌等受到的实际和（或）潜在影响。社会影响包括本地社区和访客安全两个方面。前者是指体验项目对社区收入结构和当地文化传统等的影响，后者是指自然环境条件等给访客自身安全带来的风险，如极端天气、高原气候等。

（7）访客容量研究

在“国家公园访客容量计算标准”出台之前，访客容量计算可参考国内自然保护地现行标准，如《风景名胜区规划规范》（GB 50298—1999）。应注意的是，部分行业标准未必适用于以资源保护为首要功能的国家公园，如《景区最大承载量核定导则》（LBT 0034—2014）不推荐参考。

（8）访客影响管理规划

规划应提出访客管理机制和具体措施，如建立全园性的访客管理制度、进行访客体验分类管理、社区参与访客管理机制等。

（9）设施规划

设施建设与游憩体验是访客管理规划中的重要内容，应进行设施分级、分类规划，明确是否需新建设施，确定设施建设的类型和分布，并提出建设导则。

在设施规划中应注意门禁系统与门户社区的规划。门禁系统是访客进入国家公园的必经之处，是对访客进行管理的重要关卡。门户社区为访客提供综合的服务，满足访客的多种需求，也是对访客行为进行引导与管理的重要场所。

4. 应注意的问题

（1）预判正面影响和负面影响

规划应对产生正面影响和负面影响的具体活动与访客行为做出预判。正面影响主要体现在提升访客自然保护意识与民族自豪感、改善本地社区经济水平等方面；负面影响可能体现在产生的消极的社会影响与生态影响两方面，如对地方文化的冲击、对自然资源和生态过程的干扰等。

（2）区分短期即时影响和长期潜在风险

在进行游憩体验影响分析时，应注意区分短期的即时影响和长期的潜在风险，规划策略也应做不同考量。

生态影响潜在风险包括：访客进入国家公园时携带的外来物种可能对本地物种构成严重威胁，不当的访客行为和人工设施建设有可能引发生态退化和自然灾害，如火灾、水土流失、地表塌陷等。

社会影响潜在风险包括：地方社会经济发展过度依赖旅游经济收入、外来文化对本地社区传统的冲击等。

（3）充分考虑现状条件

规划中应对已有的游憩体验项目和相关设施进行梳理与评价，避免重复规划，降低设施建设量。对与功能分区管理政策相冲突的项目或设施，规划应提出取消或拆除措施；对于超出资源可接受改变程度的项目或设施，规划应提出调整、改造方案。

4.3.6　社区管理规划

1. 目的

国家公园总体规划中社区管理规划的主要目的：

（1）全面分析本地社区的文化价值和对资源保护的贡献，认可社区居民是国家公园社会系统中不可分割的一部分。在严格保护自然资源资产的前提下，规划应注意保护本地社区传统和民族文化。

（2）通过对社区空间布局、功能定位、建设管理等方面的调控，确保社区的生产生活方式与国家公园的保护目标和分区管理政策相一致。对于严格保护区域内的居民，规划应采取生态搬迁等措施。

（3）鼓励社区居民参与国家公园保护工作，为社区可持续发展提供路径建议。

（4）促进国家公园周边社区建设发展与国家公园保护管理目标相协调，共同保护当地自然资源。

2. 原则

（1）发展协调原则

以国家公园自然资源保护为第一目标，社区发展应与自然资源保护相协调，社区建设项目不得与价值保护要求相冲突。

（2）社区受益原则

在国家公园内开展资源保护和游憩体验活动的事项上，规划措施应充分考量社区利益，鼓励社区居民参与国家公园生态保护和访客服务，推动社区产业转型和经济可持续发展。

（3）因地制宜原则

国家公园社区内的自然资源条件、历史文化背景和社会经济条件各不相同，应制定适时、适地、适情的社区规划策略。位于关键生态功能区域内的社区，应做到一村一策。

3. 内容

（1）社区现状调查

现状调查的目的在于了解国家公园范围内现有居民点的空间分布和规模，以及社会、经济、文化概况，主要包括：

a. 社区人口、土地、经济数据、社区产业结构和规模、集体经济与合作社建设等情况；

b. 自然资源所有权、承包权和经营权现状；

c. 基础设施建设概况，如交通、电力、通信、教育、医疗、环卫等设施；

d. 社区文化传统，如宗教文化、地域文化、乡村习俗等；

e. 社区居民可以参与国家公园保护、管理、服务工作的人数，社区居民对于国家公园建设的认识、态度和利益诉求等。

社区现状调查的方法主要包括：

a. 数据收集与整理分析：如普查数据、统计年鉴和地方志等；

b. 文献调查：搜集、分析与本地社区研究相关的文献资料，梳理国家公园建设面临的（社区方面）现实问题，以及利益相关方对于本地社区发展的建议；

c. 社区座谈：规划编制团队应与村党支部、村民委员会建立沟通。对于社区数量较多的国家公园，可选择具有代表性的村落进行调查；

d. 入户访谈：规划编制团队可对典型社区进行入户访谈和问卷调查，了解社区居民的切实诉求，以及参与国家公园相关工作的意愿；

e. 专家咨询：规划编制团队应与本地社区问题研究有关专家建立联系并进行咨询，广泛吸纳各方建议；

f. 政策梳理：搜集、整理与社区发展相关的政策文件、政府工作报告、重大项目建设规划等。

（2）价值与问题分析

价值与问题分析是指对国家公园社区多重价值、保护目标、关键问题、解决措施的综合性分析，进而提出国家公园社区管理目标。其中，价值分析包括对国家公园社区价值的全面认知，如游憩价值、经济价值、文化价值等。价值分析旨在梳理社区发展与国家公园保护目标的相容性与互斥性。问题分析是对社区现状和关键问题的归纳和深入挖掘，应着重分析社区当前的生产生活方式与国家公园保护理念是否一致，对现有负面影响和潜在风险应提出解决方案。

（3）空间布局调控

依据国家公园功能分区管理政策，对社区居民点空间布局进行调控，明确社区居民生产生活的空间界限，通过有计划负责任的生态搬迁、有序疏解等方式解决社区发展难点。对于非严格保护区、生态保育区内的社区，应规划完善乡村基础设施建设，统筹乡村风貌引导等工作，切实保障国家公园社区居民的基本生活水平。

（4）经济发展与产业引导

经济发展与产业引导主要涉及：

a. 国家公园社区产业发展路径、结构和链条，规划应提出鼓励本地社区探索与生态环境保护相容的绿色产业，实现可持续经济增长；

b. 规划应提出与产业发展相配套的社区能力建设内容，如开办社区学校、社区讲堂、培育社区合作社等。

（5）保障机制建设

规划应概述性地提出社区发展相关保障机制，如生态补偿机制、社区共管机制、特许经营机制、利益分配机制、社区奖励机制、社区协商机制等。

a. 生态补偿机制：涉及自然资源利用受限、集体土地承包经营权受损、生态移民搬迁等情况。

b. 社区共管机制：主要涉及社区参与国家公园自然资源保护的形式，相关公益岗位的数量和上岗要求，以及社区相关能力建设等方面。

c. 特许经营机制：涉及社区居民参与国家公园特许经营的方式、竞争条件和受益渠道，以及部分项目工作岗位对于社区居民的倾斜比例。

d. 社区参与机制：规划应明确提出社区参与国家公园重大事宜决策的途径和意见权重，如设施规划建设、特许经营招标、土地流转等方面。

e. 社区奖励机制：规划应提出社区参与国家公园资源保护管理工作的奖励机制，如设立社区奖励基金，为贡献突出的社区和个人授予荣誉并给予物质奖励。

（6）周边社区协调

周边社区是指位于国家公园边界以外，但居民生产生活与国家公园资源保护、环境污染防治、基础设施建设等有直接或间接关联的社区。规划应因地制宜地提出周边社区参与国家公园资源保护的工作范畴、组织方式、协调方式和权责利关系。

4. 应注意的问题

（1）社区发展“多规合一”

积极探索国家公园社区发展“多规合一”的实施路径，即本地社区涉及的经济和社会发展规划、土地利用规划、村镇总体规划、环境保护规划内容全部由国家公园总体规划中的社区管理专项规划统筹，进而再通过国家公园社区发展专题规划、国家公园详细规划逐步深化落实。

（2）社区管理的差异性

国家公园社区因其所处地域的自然环境、社会经济条件、文化背景存在诸多差异，社区发展所面临的问题也各有不同。例如，东北国有林区和青藏高原上的社区，其生产生活方式和地域文化类型极为不同，因此，规划编制工作应始终围绕国家公园价值展开，有针对性地制订规划措施。

同时，还应把握社区规划内容中强制性措施与引导性建议的关系。不涉及国家公园价值保护目标的内容，应以引导性建议为主，避免以偏概全。

（3）社区自然资源产权确权

国家公园总体规划编制展开之前，国家公园管理单位应首先完成园区自然资源资产确权工作，包括土地所有权、承包权和经营权，林权和草场使用权等。在权属清晰的前提下开展社区管理规划。

（4）国家公园总体规划的上位原则

国家公园总体规划对于国家公园范围内的社区应具有上位性指导作用，任何规划建设活动都不得与总体规划相冲突。国家公园管理单位应具备前置审批权，此点需要在国家公园相关法律中得到明确授权。对于国家公园周边社区的规划建设应采取自愿和协调原则，这需要国家公园管理单位拥有较高的行政级别，以及在相关经济利益上的让渡，如特许经营权等方面。最理想的状态是，国家公园社区和周边社区交由国家公园管理单位委托管理。

4.3.7　规划环境影响评估

1. 目的

环境影响评价是人们在采取对环境有重大影响的行动之前，在充分调查研究的基础上，识别、预测和评价该行动可能带来的影响，并按照社会经济发展与环境保护相协调的原则进行决策，在行动之前制订出消除或减轻负面影响的措施。

国家公园总体规划中的规划环境影响评估内容主要包括两部分：其一，在规划编制过程中，通过环境影响预测与分析对功能分区、游憩体验线路、社区居民点搬迁等规划内容进行多方案比较，择优选定实施方案；其二，对各专项规划中提出的环境影响因子进行筛选、合并，形成总体规划实施监测指标体系，并对总体规划实施可能产生的环境改变量进行评估。总体规划获批准实施后，实际监测结果将作为规划调整和修编的重要依据。

2. 原则

在规划编制过程中的多个阶段都应进行环境影响分析评价，使其成为必要的规划决策环节。通过审视、比较规划措施对环境的潜在影响，避免方案在实施过程中产生不可逆转的负面影响。

总体规划实施监测指标应具有代表性，能够整体反映国家公园价值载体的安全状态和关键影响压力。同时，通过统筹资源保护、游憩体验、社区管理等专项内容的监测需求，尽可能精简监测指标数量，提高监测成果的使用效率，降低基层管理人员工作难度。

3. 分析过程与方法

规划编制过程中的环境影响评价实施流程如图 4-2 所示。

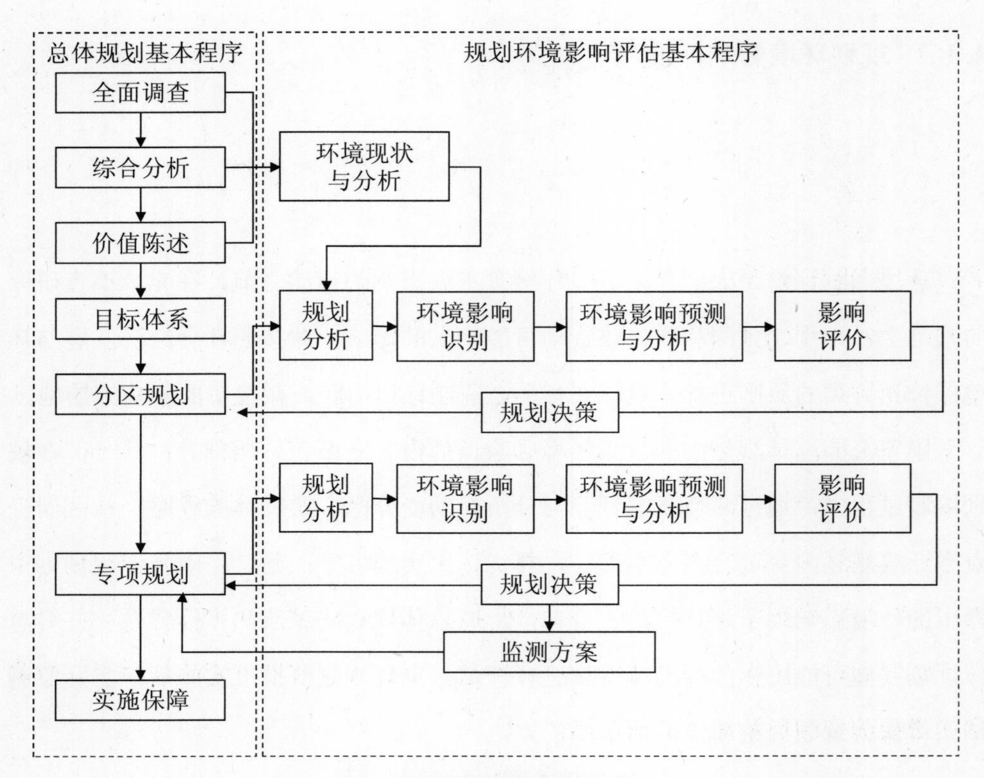

图 4-2　规划环境影响评估过程

规划编制过程中的全面调查、综合分析和价值陈述阶段，都包含了环境现状调查与分析工作。在分区规划阶段，应进行多方案比较，识别每个方案的环境影响并进行影响预测与评价，择优选定实施方案，形成规划决策。进入专项规划阶段后，环境影响评价过程与分区规划阶段相同，形成规划决策后应拟定监测方案，该监测方案应反映在保护与监测专项规划内容中，规划环境影响的预防和减缓措施应体现在对应的专项规划内容中。

4.4　规划实施保障

4.4.1　完善法制建设

国家颁布自然保护地综合法和国家公园专项法时，应明确国家公园总体规划的法律地位，使编制和实施总体规划成为管理国家公园的法定程序，同时，国家公园管理单位应获得相关法律法规的执法主体资格。《建立国家公园体制总体方案》中要求："各国家公园建立后，国家公园管理单位应尽快制定国家公园管理条例，并至少取得省（自治区、直辖市）级人大立法通过，做到'一园一法'。根据实际情况需要，国家公园属地人民政府可授权国家公园管理单位履行国家公园范围内必要的资源环境综合执法职能。"

4.4.2　理顺管理体制

国家公园建立后，在相关区域内不再保留或设立其他自然保护地类型，国家公园范围内应统一执行国家公园总体规划。已审批的设施建设项目若与国家公园总体规划相冲突应立即停止执行，项目实施影响需交由国务院国家公园行政主管部门进行复议。

国务院国家公园行政主管部门负责协调国家公园管理单位与国家行政机关和属地人民政府的关系；国家公园管理单位负责与国家公园外围社区开展保护合作。

4.4.3 强化规划管理意识

依法依规管理国家公园，严肃建设项目审批。在国家公园范围内进行项目建设的任何单位与个人都必须遵循国家公园总体规划，并将规划确定的原则和内容落实在建设全过程。坚持“从宏观到微观，坚持资源保护优先，合理促进社会经济可持续发展”的规划衔接协调原则，积极探索国家公园范围内“多规合一”，确保国家公园管理单位统一行使国土空间用途管制。

4.4.4 加强人才队伍培养

通过长短聘结合，岗位因需流转等政策，吸引专业技术人才前来国家公园工作。在短期聘用上尽量简化手续，以项目定岗位，以需求纳人才；在长期聘用方面，力争实现各国家公园之间或与省内自然保护地的人才联动配合。对于高素质的专业人员应给予一定的流转空间，分季候、分区域地配置科研力量，最大限度地转化科研效能。

同时，通过横向交流、定向培养、国际对标等方式，提升国家公园一线管理队伍的业务素养，提高国家公园科学管理水平。定期组织专业骨干参与国家公园前沿课题申报、研究，在实践中培养锻炼专业人才。

第 5 章　制度建议

5.1　规划法制性保障

5.1.1　规划的法律依据

世界范围内发展较好的国家和地区的国家公园体系，都已形成了相对完备的法制保障。大部分国家颁布了国家公园专类法，且法律地位较高。目前，我国已施行的自然保护地专类法包括《自然保护区条例》和《风景名胜区条例》，但尚未在国家层面出台国家公园相关法规文件。已颁布的《环境保护法》《森林法》《水法》《草原法》《野生动物保护法》等与自然资源保护相关的法律中，并未对自然保护地规划提出专项要求。

为了确保国家公园规划的权威性和有效实施，国家公园规划应受到“自然保护地基本政策法”和“国家公园法”保护，“国家公园法”中应明确规定国家公园规划的原则和目标、层级和内容、编制要求、审批部门、实施监管和惩处措施等事项。立法中还应明确规定国家公园管理机构和国家公园规划编制人员的权责利关系。

除此之外，还应在《城乡规划法》和《土地管理法》中补充与国家公园规划相关的内容。

5.1.2　本书内容与我国现行法律要求的比较

本书内容与我国现行法律要求的比较见表5-1。

5.2　规划科学性保障

5.2.1　首席规划师制度

各国家公园管理单位应聘请首席规划师，旨在加强国家公园规划与法律法规和宏观政策之间的衔接，确保各层级规划之间的协调性和一致性，以规范、统一的规划体系为基础推动国家公园保护管理工作。

国家公园首席规划师应由国家公园或自然遗产保护规划领域的专家、学者兼职担任，且在岗时间一般不少于10年。首席规划师首先以项目负责人的身份参与国家公园总体规划编制工作，组建多学科规划团队高水平地完成编制任务。总体规划审批、实施后，首席规划师将与国家公园管理单位各业务部门紧密合作，在国家公园发展战略框架下落实各项规划管理工作。首席规划师的具体职责包括：

（1）参与编制国家公园系统规划；

（2）参与制订国家公园总体规划实施计划；

（3）在专题规划和详细规划编制过程中为各利益相关方提供技术咨询；

（4）对专题规划和详细规划进行合规性审查；

表 5-1　本书内容与我国现行法律要求的比较

	本书	《风景名胜区条例》	《自然保护区条例》	《城乡规划法》	《土地管理法》
规划层次	• 系统规划 • 总体规划 • 专题规划 • 详细规划 • 年度工作计划	• 总体规划 • 详细规划	• 国家自然保护区发展规划 • 国家自然保护区建设规划 （条例中没有提到总体规划）	• 城镇体系规划、城市规划、镇规划、乡规划和村庄规划 • 城市规划、镇规划分为总体规划和详细规划 • 详细规划分为控制性详细规划和修建性详细规划	• 土地利用总体规划 • 土地利用年度计划
规划期限	• 国家公园总体规划应当自国家公园批准设立之日起 2 年内编制完成 • 总体规划的规划期一般为 20 年 • 规划分期实施目标应符合：近期规划 5 年以内，中期规划 6～10 年，远期规划 11～20 年，使命期规划不设上限	• 设立之日起 2 年内编制完成总体规划 • 总体规划的规划期一般为 20 年	—	• 城市总体规划、镇总体规划的规划期限一般为 20 年	• 土地利用总体规划的规划期限由国务院规定（第十七条） • 土地利用总体规划的规划期限一般为 15 年（第九条）
规划内容	• 总体规划应至少包含以下内容： （1）价值陈述 （2）规划目标 （3）分区规划 （4）保护与监测规划	• 风景资源评价 • 生态资源保护措施、重大建设项目布局、开发利用强度 • 风景名胜区的功能结	—	• 城市、镇的发展布局 • 功能分区，用地布局 • 综合交通体系 • 禁止、限制和适宜建设的地域范围	• 没有对规划内容做出强制规定 • 对规划公示的内容做出了规定：规划目标、规划期限、规划范围、

	本书	《风景名胜区条例》	《自然保护区条例》	《城乡规划法》	《土地管理法》
规划内容	（5）游憩体验与访客管理规划 （6）社区管理规划 （7）规划环境影响评估	构和空间布局 • 禁止开发和限制开发的范围 • 风景名胜区的游客容量 • 有关专项规划	—	• 各类专项规划等	地块用途、批准机关和批准日期 • 土地利用年度计划应当包括下列内容：农用地转用计划指标、耕地保有量计划指标、土地开发整理计划指标
编制流程（组织）	• 国家公园管理单位组织编制	• 国家级风景名胜区规划由省、自治区人民政府建设主管部门或者直辖市人民政府风景名胜区主管部门组织编制 • 省级风景名胜区规划由县级人民政府组织编制	• 自然保护区的建设规划由自然保护区管理机构或者该自然保护区行政主管部门组织编制	• 各级行政单位人民政府组织编制	• 各级行政单位人民政府组织编制
编制流程（编制）	• 编制国家公园总体规划，应当先组织编制总体规划纲要，研究确定总体规划中的重大问题，作为编制国家公园总体规划的重要依据。国家公园总体规划大纲审批通过后，方可依据国家公园总体规划大纲开展国家公园总体规划的编制工作	• 提出征求有关部门、公众和专家的意见；必要时进行听证	• 提出基础资料的要求 • 提出征求专家和公众的意见	• 提出了对编制机构的要求	• 本级土地行政主管部门和其他有关部门编制

	本书	《风景名胜区条例》	《自然保护区条例》	《城乡规划法》	《土地管理法》
编制流程（审批）	• 国家公园总体规划、总体规划大纲、专题规划、详细规划的审批遵循以下流程：（1）合法合规性审查；（2）公众意见征询；（3）专家评审；（4）规划审查；（5）批前公示；（6）规划审批；（7）规划公布	• 国家级风景名胜区总体规划报国务院审批 • 省级风景名胜区总体规划各级人民政府审批，报国务院建设主管部门备案	• 自然保护区发展规划，经国务院计划部门综合平衡后，报国务院批准实施	• 由上级城市规划主管部门审批	• 分级审批，逐级上报
编制流程（公示）	• 批前公示：国家公园总体规划方案应在国务院国家公园行政主管部门、国家公园管理单位网站进行不少于 30 个工作日的批前公示。国家公园专题规划、详细规划在国家公园管理单位网站进行不少于 30 个工作日的批前公示。社会各界意见，以及采纳情况和未予采纳理由作为附件材料报送审批 • 规划公布：国家公园总体规划经批准后，应在国务院国家公园行政主管部门、国家公园管理单位网站公开，任何组织和个人有权申请查阅。国家公园专题规划、详细规划经批准后，应在国家公园管理网站公开，任何组织和个人有权申请查阅	—	—	—	• 在本行政区域内予以公告 • 对公告的内容提出明确要求

	本书	《风景名胜区条例》	《自然保护区条例》	《城乡规划法》	《土地管理法》
编制流程（修订）	• 修订：可以进行规划修改的情况，以及修改时需要通过的程序 • 评估：国家公园总体规划的规划期届满前 2 年，国家公园管理单位应对规划实施成效进行完整评估，做出是否需重新编制规划的决定。在新规划批准实施前，原规划继续有效	• 报原审批机关批准	—	• 提出可以对总体规划进行修改的情况 • 修改后按审批程序报批	• 修改需经原批准机关批准
编制机构	• 建立首席规划师团队制度，国家公园总体规划的编制任务由首席规划师带领规划编制团队完成 • 国家公园专项规划、详细规划的编制任务可由首席规划师带领规划编制团队完成，也可由具有甲级城乡规划编制单位资质或甲级风景园林工程设计专项资质的单位承担	• 没有对编制机构的资质提出要求 • 采用招标等公平竞争的方式选择具有相应资质等级的单位承担	—	• 对编制机构的资质提出明确要求	• 省、自治区、直辖市的土地利用总体规划，由省、自治区、直辖市人民政府组织本级土地行政主管部门和其他有关部门编制
法律责任	• 对违反规定的个人和单位追责 • 对规划团队追责	• 对违反条例规定的单位或个人追责	• 对违反条例规定的单位或个人追责 • 提出对自然保护区管理人员追责	• 对违反条例规定的单位或个人追责 • 对规划编制单位、组织编制单位等的追责	• 对违反条例规定的单位或个人追责

注：从《城乡规划法》中摘取的关于规划期限、规划内容、编制流程等信息主要以城市总体规划为对象。

（5）为国家公园管理单位和其他相关业务部门讲解总体规划内容；

（6）负责对规划环境影响评估的监测反馈提出响应措施；

（7）参与国家公园规划外部协调工作；

（8）参与起草所负责国家公园的技术规程。

首席规划师任职期间，应保证一定的驻园时间（与国家公园管理单位协商），并获得相应的薪资保障。首席规划师对于国家公园专题规划和详细规划的编制单位拥有建议权，在签订规划合同前应参与对规划编制单位的资格审核。由国家公园管理单位主职领导对首席规划师进行工作考核。

国务院国家公园规划主管部门应负责对各国家公园首席规划师资格进行审核，更新和发布各国家公园首席规划师任职名单，组织首席规划师参与国家公园系统规划编制工作，组织开展国家公园规划技术培训等。

5.2.2　首席科学家团队制度

各国家公园管理单位应聘请首席科学家团队，将科学研究作为制订保护管理计划的依据。首席科学家可由高等院校和研究机构的专家学者、经验丰富的保护地管理人员、杰出的非政府组织成员等兼职担任，团队专业背景应涵盖多个学科，包括风景园林学、生态学、环境学、林学、动植物保护学等。各国家公园应根据保护资源特征确定首席科学家团队的组成，结合实际需要还可以加入文化遗产保护领域的专家以及环境法律法规方面的专业人士，从而使国家公园管理政策之间的衔接得到进一步强化。

首席科学家主要从事国家公园资源保护相关的基础性和长期性研究工作，在岗时间一般不少于 5 年，为国家公园规划编制和实施提供的支撑工作应包括：

（1）参与国家公园资源本底调研，完成基础性研究报告；

（2）规划编制前期，帮助规划团队充分了解国家公园保护资源特征；

（3）为国家公园总体规划提供功能分区依据，协助首席规划师制订分区管理措施，对环境影响评估内容的真实性进行技术审核；

（4）为专题规划和详细规划提供政策和技术咨询；

（5）参与各类规划方案专家评审；

（6）参与国家公园环境监测以及公共数据平台的搭建工作，对规划实施的环境影响进行评估。

首席科学家任职期间，应保证一定的驻园时间（与国家公园管理单位协商），并获得相应的薪资保障。首席科学家对于国家公园规划编制方的专业性拥有建议权，在理由充足的前提下可对规划方案一票否决。由国家公园管理单位主职领导对首席科学家进行工作考核。

国务院国家公园主管部门应设置首席科学家办公室，负责更新和发布各国家公园首席科学家任职名单，组织开展国家公园系统性专题研究（制订课题、任务验收等），协助国家公园管理单位与全国高等院校和科研机构建立联系，组织开展国家公园资源保护技术培训等工作。

5.3　规划管理制度

党的十九大报告中提出“设立国有自然资源资产管理和自然生态监管机构……统一行使所有国土空间用途管制和生态保护修复职责”；《建立国家公园体制总体方案》提出“国家公园设立后整合组建统一的管理机构”“条件成熟时，逐步过渡到国家公园内全民所有自然资源资产所有权由中央政府直接行使”。对以上表述综合分析后，未来，国家公园规划管理工作应由国务院国家公园行政主管部门负责，各国家公园管理单位应负责规划编制过程中的具体业务以及规划实施工作。同时，比照我国现行自然保护地规划管理制度，国家公园规划管理的严格程度应不低于国家级自然保护区和国家级风景名胜区。

基于以上认识，本书尝试对国家公园规划管理工作中部分重要事项提出参考性建议。

5.3.1　编制组织

国家公园管理单位组织编制国家公园总体规划、专题规划和详细规划，并在整个规划编制周期内，承担相应的组织职责。

组织编制国家公园总体规划，国家公园管理单位应对国家公园保护管理工作中存在的问题进行前期研究，在此基础上，向国务院国家公园行政主管部门提出进行编制工作的报告，经同意后方可组织编制。

编制国家公园总体规划，国家公园管理单位应首先组织编制总体规划纲要（大纲），研究确定总体规划中的重大问题并作为规划编制依据。大纲审批通过后，首席规划师及团队方可开展后续工作。

在总体规划编制筹备阶段，国务院国家公园规划主管部门会同国家公园管理单位负责组织国家公园总体规划编制工作的招投标活动。国家公园管理单位负责组织专题规划、详细规划编制工作的招投标活动，并在综合考虑、多方论证的基础上遴选出规划编制团队。在规划前期，国家公园管理单位负责为编制团队提供规划所需的基础资料及必要的调研条件；在规划编制期间，国家公园管理单位负责组织举行公众意见征询、专家论证会议、专家评审会议、规划成果公示等；在规划编制完成后，国家公园管理单位负责组织将规划成果文件、专家审议意见和根据审议意见修改规划的情况一并报送国务院国家公园规划主管部门审查。

5.3.2　编制资质

国家公园总体规划的编制任务由首席规划师带领规划编制团队完成。首席规划师应同时满足如下条件：

（1）具有风景园林学、城乡规划学、规划设计学科或生态学、保护生物学等相关学科背景；

（2）具有正高级职称；

（3）具有 15 年以上的规划设计从业经历；

（4）具有 5 年以上的自然保护地规划从业经历；

（5）至少主持过 1 项以上的国家级风景名胜区或国家级自然保护区总体规划编制工作（未来可考虑将此项更新为："参与过至少 1 项已审批通过的国家公园总体规划编制工作；或主持过其他国家国家公园或自然保护地的总体规划编制工作，且具有 3 年以上在中国参与自然保护地规划或管理的经历"）。

总体规划编制团队应包含多名不同学科领域的专家成员：

（1）团队成员的学术背景包括但不限于风景园林学、林学、生态学、生物学、地质学、水文学、社会学、历史学、城乡规划学等学科领域；

（2）团队成员需在各自的学科领域内具有 5 年以上的工作经历。

首席规划师具有如下权利：

（1）组建规划编制团队的自主权；

（2）对规划编制、实施、修改中争议问题的一票否决权；

（3）在参与竞争与自身专业背景相关的国家公园专题规划、详细规划编制权时，享有优先权；

（4）当规划编制存在争议时，首席规划师对于争议的解决和裁定具有优先权；

（5）国家公园总体规划实施生效应包含首席规划师签字确认环节。

总体规划编制团队承担如下职责：

（1）在规划期内，对国家公园范围内总体规划、专题规划的编制、实施和修改负有跟踪服务的责任；

（2）当评审专家对国家公园总体规划、专题规划提出异议时，首席规划师团队应对争议问题进行全面论证，并提供论证材料；

（3）对国家公园总体规划终身负责，对违背国家公园保护管理要求，确属规划失责所造成的生态系统和资源环境破坏，负有相关法律责任。

国家公园专题规划的编制任务可由其他编制单位或团队完成，但首席规划师具有规划编制团队的推荐权和审核建议权。国家公园详细规划的编制任务应由具有甲级城乡规划编制单位资质或甲级风景园林工程设计专项资质的单位承担。

专题规划、详细规划的编制团队承担如下职责：

（1）在规划期内，对规划编制、实施和修改负有跟踪服务的责任；

（2）对规划终身负责，对违背国家公园保护管理要求，确属规划失责所造成的生态系统和资源环境破坏，负有相关法律责任。

5.3.3 审批与公示制度

国家公园总体规划、总体规划大纲、专题规划、详细规划的审批遵循以下流程：合法合规性审查、公众意见征询、专家评审、规划审查、批前公示、规划审批、规划公布（图 5-1）。

1. 规划成果合法合规性审查

国家公园总体规划、专题规划、详细规划编制完成后，应先由国家公园管理单位进行合法合规性审查。具体的审查工作可由管理单位下设的各职能部门按职责分工共同完成，并以国家公园管理单位名义出具审查报告。

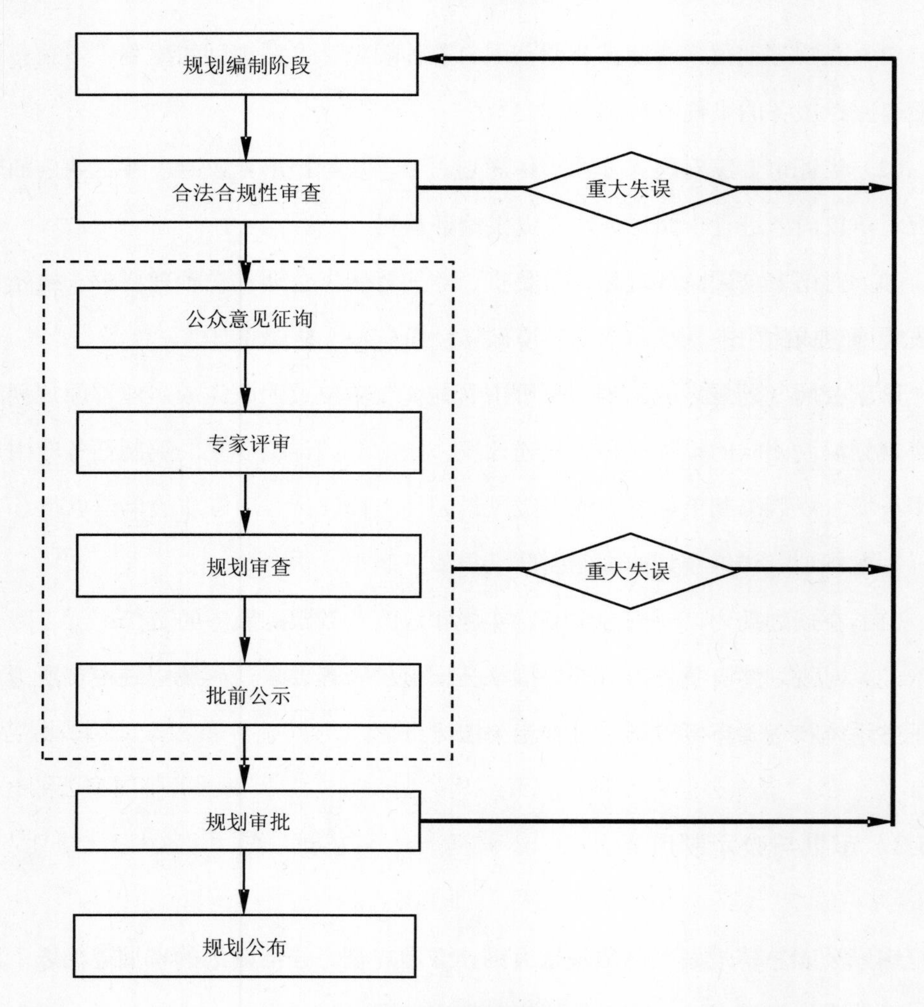

图 5-1　规划审批流程

国家公园规划成果合法合规性审查主要审查以下内容：

（1）是否与国家公园的相关法律法规、规范性文件一致；

（2）是否与上位法规和规范性文件相抵触；

（3）是否与其他同位法规、规范性文件对同一事项的规定相冲突；

（4）是否与国家公园管理单位颁发的法规、规范性文件相违背；

（5）是否符合制定权限和程序；

（6）是否与符合上位规划规定的相关内容一致。

在规划审批“专家评审”环节中，国家公园管理单位出具的合法合规性审查报告应交给专家作为评审参考材料。

2. 公众意见征询

完成合法合规性审查后，由国家公园管理单位组织听证会等，广泛征求国家公园管理单位下设各相关职能部门、当地社区等主要利益相关者及公众意见，并将社会各界意见以及意见采纳的情况和未予采纳的理由作为附件材料报请专家评审。

3. 专家评审

国家公园规划编制完成后，国家公园管理单位应当组织专家进行评审。国家公园总体规划大纲、总体规划的评审专家，由国务院国家公园行政主管部门从国家公园全国专家委员会中随机抽取不同学科背景且熟悉待评审国家公园资源特点的专家组成。国家公园专题规划、详细规划的评审专家，由国务院国家公园行政主管部门从该国家公园专家委员会中随机抽取不同学科背景并熟悉指定规划内容的专家组成。国家公园各级规划实行对评审专家责任的严格倒查追究机制，对确属由于专家评审失责所造成生态系统和资源环境破坏的情况，依法追究专家责任。专家评审意见由专家联名签字后生效。

4. 规划审查

专家评审完成后，由国务院国家公园行政主管部门进行规划审查。规划审查主要涉及以下内容：

（1）是否与各相关法律法规、规范性文件相一致；

（2）是否符合编制权限和程序；

（3）是否对专家评审意见进行了相应的反馈和修改；

（4）其他应当审查的内容。

同时，国务院国家公园规划主管部门还应向国务院相关职能部门征求审查意见。

5. 批前公示

国家公园总体规划方案应在国务院国家公园行政主管部门、国家公园管理单位网站进行不少于30个工作日的批前公示。国家公园专题规划、详细规划在国家公园管理单位网站进行不少于30个工作日的批前公示。公示期满后，应将收集到的社会各界意见以及采纳情况和未予采纳理由作为附件材料报送审批。

6. 规划审批

国家公园总体规划由国务院国家公园行政主管部门报送国务院审批；国家公园总体规划大纲由国家公园管理单位报国务院国家公园主管部门备案；国家公园专题规划、详细规划由国家公园管理单位报国务院国家公园主管部门审批。合法合规性审查、公众意见征询、专家评审、规划审查、批前公示等各环节产生的意见以及意见采纳的情况和未予采纳的理由，应作为报送材料附件。

7. 规划公布

国家公园总体规划经批准后，应当在国务院国家公园规划主管部门、国家公园管理单位网站公开，任何组织和个人有权申请查阅。国家公园专题规划、详细规划经批准后，应在国家公园管理单位网站公开，任何组织和个人有权查阅。公开文件应包括规划成果、批前公示收集的社会各界意见以及意见采纳的情况和未予采纳的理由。

5.3.4 监督机制

国务院国家公园规划主管部门应加强对国家公园规划编制、审批、实施、修改的监督检查。国务院其他有关部门按照国务院规定的职责分工，负责对国家公园范围内的保护管理工作进行监督和协助。国家公园管理单位应当向国务院国家公园主管部门报告国家公园规划的实施情况，并接受监督。对于发现的问题，应当及时反馈、纠正、处理。

国务院国家公园规划主管部门对国家公园规划的实施情况进行监督检查，有权采取以下措施：要求有关单位和人员提供与监督事项有关的文件、资料，并进行复制；要求有关单位和人员就监督事项涉及的问题做出解释和说明，并根据需要进入现场进行勘测；责令有关单位和人员停止违反有关国家公园规划的法律、法规的行为。被监督检查的单位和人员应当予以配合，不得妨碍和阻挠依法进行的监督检查活动。

任何单位和个人都应遵守已经批准实施的国家公园规划，服从规划管理，并有权就涉及其利害关系的相应活动是否符合国家公园规划的要求向国家公园管理单位查询。任何单位和个人都有权利对国家公园规划实施情况进行监督，任何单位和个人都有权向国家公园管理单位举报或者控告违反国家公园规划的行为。相应的国家公园管理单位应在 15 个工作日内给予正式答复。

国家公园总体规划的监督检查情况和处理结果应当在国务院国家公园规划主管部门网站公开，供公众查阅和监督。国家公园专题规划、详细规划的监督检查情况和处理结果应当在相应的国家公园管理单位网站公开，供公众查阅和监督。

5.3.5　修订机制

1. 修订

经批准的国家公园规划不得擅自修改。有下列情形之一的，国家公园管理单位可按照规定的权限和程序修改规划：

（1）因国务院批准重大建设工程确需修改规划的；

（2）经规划环境影响评估确需修改规划的；

（3）国家公园规划的审批机关认为应当修改规划的其他情形。

国家公园规划的修订应遵循以下要求：

修改国家公园规划前，国家公园管理单位应对原规划的实施情况进行总结，并征求规划修改所涉及利益相关方的意见，相关书面材料作为附件连同规划修改申请一并提交至原审批机关，经原审批机关同意后，国家公园管理单位方可组织编制修改规划方案。修改后的国家公园规划方案应严格依照规定的审批程序重新报批。

国家公园总体规划作为上位规划，其他规划的修订如涉及总体规划中的强制性内容，应按法定程序先调整总体规划。

2. 评估

国家公园管理单位应至少每 5 年组织专家对国家公园总体规划实施情况进行一次综合评估，并采取论证会、听证会或者其他方式征求公众意见，国家公园管理单位应当向国务院国家公园规划主管部门提交评估报告并附具意见征求情况。

国家公园总体规划的规划期届满前 2 年，国家公园规划组织编制机关应当对规划实施成效进行完整评估，做出是否重新编制规划的决定。在新规划得到批准实施前，原规划继续有效。

5.4　规划协调机制

5.4.1　国家公园规划与其他规划

国家公园体制建设试点阶段，国家公园范围内如果包含多个已设立的自然保护地，应当统一执行国家公园总体规划。已审批的设施建设项目若与国家公园规划相冲突应立即停止执行，项目实施影响需交由上级国家公园行政管理机构进行复议。在国家公园分区调整过程中，应首先确认原保护地（群）在空间和管理层面是否存在交叉重叠问题，分析该区域内资源保护要求与实际利用强度的差异性，梳理土地的所有权和使用权，并以资源保护优先为原则对公园全域划定功能分区。

国家公园体制建设成熟期，国家公园总体规划应当符合禁止开发区域的有关要求，并为主体功能区规划提供编制依据。同时，应遵循“从宏观到微观，坚持资源保护优先，合理促进社会经济可持续发展”的衔接原则，实现在统一的空间信息平台上协调区域内城乡规划、土地利用规划以及环境保护、文物保护、综合交通、社会事业等专项规划内容。

在国民经济和社会发展规划的三级三类体系中，国家公园系统规划为国家级总体规划提供编制依据。国家公园总体规划应与国家级专项规划和区域规划进行充分衔接。国家公园总体规划如与省（自治区、直辖市）级总体规划衔接不能达成一致时，可由国家公园管理机构会同省内相关业务主管部门进行协调，最终上报国务院裁定。市县级总体规划应符合国家公园总体规划的有关要求。

编制城乡规划、土地利用规划，其范围与国家公园交叉或重合的，应当与国家公园总体规划内容充分协调，国家公园范围内建设用地的面积和位置在三个规划中的表述应保持一致，保护性用地应实现“三规合一”。国家公园外围的城乡建设发展不得与国家公园总体规划目标相冲突。编制环境保护规划、旅游发展规划，其范围与国家公园交叉或重合的，应当符合国家公园总体规划要求。

5.4.2　国家公园各层级规划

国家公园规划体系中的各项规划在层级上相互衔接关联，规划的研究方向和解决问题的精度也各有侧重，各类规划措施在时间和空间上形成重叠，需要统一的规则来确保合规性。各层级规划协调的总体原则是：上位规划指导下位规划，分项目标遵循总体目标，短期目标遵循长期目标。

国家公园总体规划是对每处国家公园保护管理工作的宏观指导，并为专题规划和详细规划提供上位依据。总体规划制定的资源保护策略、游憩体验类型和设施建设控制要求应在专题规划和详细规划中得到细化和深化，需要在下位规划中提出具体的实施计划。例如，总体规划中划定的公园入口服务区、访客游憩体验集中区、社区建设活动区，可单独对此编制详细规划，通过更深入的场地踏勘与工程评估确认各类用地的实际范围；如未出现显著的基础条件改变，游憩服务类设施建设用地范围不得突破总体规划所划定的功能分区；国家公园功能分区调整只能在总体规划修订时进行，与总体规划要求相冲突的详细规划实施结果不应默认为编制新一轮总体规划时的现状依据，应对不合规情况的环境影响进行评价、论证，相应的行政、法律责任由规划实施方承担。

在国家公园内开展资源保护类科学研究，有助于扩展保护管理人员和社会公众对于国家公园资源价值的认知，需要长期积累与多方合作。资源保护类专题规划的工作成果包含但不限于：资源本底调查报告、重要野生动物生态廊道规划、重要野生植物生境培育规划等。若资源保护类专题规划的研究成果能够直接影响国家公园价值识别（如新发现关键物种或重要历史遗迹），应由国家公园首席规划师视情况提请对国家公园总体规划进行修订，增补该项研究成果。

5.5　规划团队职责

明确国家公园规划团队在不同阶段的规划职责，有助于优化规划团队与国家公园管理者的沟通与合作，增强规划的科学性，有利于规划团队与相关专家、社区、团体、公众等利益相关方的协调沟通。

5.5.1　规划团队建设

首席规划师负责组建多学科规划团队。规划团队成员所涉及的学科或研究领域应包括但不限于：风景园林学、林学、生态学、生物学、地质学、水文学、社会学、历史学、城乡规划学、环境教育等。首席规划师还应考虑充分吸纳国家公园所在地的各领域专家加入规划团队。各学科或领域成员具体职责如表 5-2 所示。

表 5-2　规划团队成员相关职责一览

规划团队成员所属学科或研究领域	相关职责
风景园林学	整合各领域专家的专业性建议，制定规划目标与战略，协调利益相关方规划需求，统筹保护管理、游憩体验、社区发展等规划内容
林学	对国家公园规划区域的林、草等相关资源进行专业性分析，识别森林资源、草地资源、荒漠资源的重要性和敏感区，总结现状问题并提出解决路径；分析生态系统服务价值，提出科学的监测指标与标准，参与相关解说内容的编制
生态学	对国家公园规划区域生态系统特征、完整性、健康状况、生态系统价值与服务等方面进行分析判断，提出科学的生态系统状态监测指标和标准，识别需要恢复、实施严格保护及可适当开展游憩体验的区域及相关要求
生物学	对国家公园规划区域动植物整体状态提出科学的分析评价，分析现状问题，提出保护措施，编制相关监测规划，参与动植物相关解说教育内容编制
地质学	对国家公园规划区域地质地貌资源现状进行专业性分析，识别地质地貌重要性与敏感性区域分布，提出保护措施，并参与地质地貌解说内容的编制
水文学	对国家公园规划区域河流生态系统和水文景观具有相关研究能力，对现状河流的自然状态、水质、数量和水生物进行科学性评价，提出适合的保护与修复措施，并对河流水体监测指标提出建议
社会学	对国家公园规划区域社区、文化、经济等方面进行调查研究，对国家公园范围内社区管理与文化传承给予专业性建议和发展意见，参与当地文化保护与传承相关解说内容的编制

规划团队成员所属学科或研究领域	相关职责
历史学	对国家公园规划区域历史发展进行研究，对当地人文历史与自然历史的形成原因、目前所面临的问题和发展所带来的潜在危险进行分析识别，提出规划建议，帮助制订相关监测指标，深入参与当地国家公园环境解说内容的编制，提出解说主题与解说要求
城乡规划学	对国家公园范围内涉及的乡镇、居民点进行调查和问题分析，制订相关规划措施，对设施建设选址、规模等内容提出建议
环境教育	将国家公园保护与发展理念有效地传递给访客和社会公众，为不同类型的资源提出可供参考的解说方式、方法

5.5.2 各阶段职责

1. 规划前期

由首席规划师组建规划团队，明确任务分工。

规划团队进行规划前期的资料收集、现场调研、相关人员访谈、收集问卷等调研工作。

调研前规划团队应对所规划国家公园的基本特征和现状进行学习了解，掌握资源相关知识和大致分布特征，准备所需资料清单和访谈提纲、问卷等调研内容。

在现场调查与资料收集阶段规划团队需要从管理部门获取相关资料，并访谈各部门管理人员，了解现状情况、关键问题和对未来发展的想法。现场调研时需深入现场踏勘，访问当地社区居民和利益相关者，识别主要矛盾和各方诉求。

2. 规划编制期间

首席规划师负责把控规划进度，规划团队成员分工合作，开展规划编制。

规划编制过程中涉及补充调研、相关人员访谈等工作时，规划管理人员应予以积极配合。在此阶段需保持有效的阶段性沟通。

3. 规划审批阶段

规划团队需交付完整规划文本、图纸，以及其他相关文件后，应配合规划管理人员完成审批过程。在规划审批阶段，规划团队应负责解答规划管理人员、国家公园管理单位各部门人员提出的疑问；回应公众意见征询阶段公众提出的问题；在专家评审阶段进行规划方案汇报，并根据专家评审意见对相关内容进行修改完善。

5.6　公众参与机制

5.6.1　目的

公众参与规划是指在法律保障的前提下，国家公园利益相关者通过与国家公园管理单位、规划编制团队进行多种方式的对话、沟通，积极参与并影响国家公园规划，从而加强规划决策的民主性和科学性。公众参与规划的目的主要体现在三个方面：

（1）探索社会力量共同参与自然资源保护管理的新模式；

（2）体现国家公园全民公益属性，提升社会公众的环境保护意识；

（3）保障各方利益，获得较高的公众认可度，提升规划的可操作性。

5.6.2　参与主体和内容

公众参与国家公园规划需要规划编制团队和国家公园管理单位的积极有效组

织，公众参与的形式包括项目听证会、专家咨询、社区座谈会、问卷调查、设立公众意见箱等。

规划编制团队负责统筹、组织和回复公众意见等工作。国家公园管理单位负责协调、配合规划团队举办相应的座谈会、现场咨询，发布公众参与的公示公告、设立公众意见箱，发放调查问卷等工作。参与规划讨论的利益相关者包括当地社区、公益组织、国家公园访客、科研人员、企业经营者以及其他关心国家公园建设的团体和个人。各方参与的具体形式和内容如下：

（1）当地社区：对国家公园规划中社区管理部分提出建议，包括社会经济调控、产业引导、社区共建共管、空间用途管制协调、社区发展保障机制等内容。国家公园规划设施建设要求中涉及集体土地的部分，也应征询当地社区意见。

（2）公益组织：对与业务范畴相关的规划内容提出建议，如环保类公益组织可对自然资源保护管理目标提出建议，扶贫类公益组织可对社区管理目标提出建议。

（3）国家公园访客：对国家公园访客管理与环境教育规划内容提出建议，包括游憩管理措施、访客反馈及投诉制度、访客安全保障、环境教育内容和方式、公共服务等方面。

（4）科研人员：对规划中的专项研究内容提出合理质疑和建议。

（5）企业经营者：对国家公园特许经营机制和相关业务管理要求进行咨询和意见反馈。

（6）其他团体和个人：国家公园具有全民公益属性，所有关心国家公园建设的团体和个人都有对国家公园规划提出建议的权利。

5.6.3　参与阶段

以国家公园总体规划为例，公众参与规划主要涉及前期调研、大纲前、大纲后、评审前、批前公示五个阶段。

（1）前期调研阶段：国家公园规划编制团队通过问卷调查、专家座谈、社区访谈等方式向社会公众征集规划建议，问题可以是开放的，旨在反映公众对于该处国家公园价值的认识。国家公园管理单位应发布正式的宣传公告。

（2）大纲前阶段：国家公园总体规划大纲审核通过前，规划编制团队可以针对大纲中的关键问题组织公众座谈会，如国家公园本底资源状况、价值分析等。国家公园管理单位负责协调、联络各利益相关方。

（3）大纲后阶段：总体规划大纲获批后，规划团队可针对专项规划内容定向发布调查问卷、邀请相关专业人士参与座谈会等。

（4）评审前阶段：国家公园总体规划编制完成后、送交上级单位组织专家评审前，规划团队可针对规划中的关键问题邀请利益相关方参与座谈、交流，广泛征集各方意见，收集整理相关建议。

（5）批前公示阶段：国家公园总体规划通过专家评审和本级审查后，规划应进行不少于 30 个工作日的批前公示，社会各界可对总体规划提出相应的意见与建议。

5.6.4　参与机制

（1）多方合作机制：国家公园管理单位应积极探索多种合作管理模式，与当地社区、企事业单位、国际和国内公益组织、科研机构等建立广泛的合作伙伴关系，形成公众参与规划的社会基础。

（2）信息公开机制：国家公园管理单位应做到规划信息公开、透明，公众参与规划的意见和建议应得到规划编制团队的正式记录和相应反馈。

（3）采纳机制：规划编制团队对公众参与规划的所有建议予以考虑，广泛吸纳公众意见。但是与自然资源保护管理相关的科学性建议，规划编制团队需持明确立场并对意见的采纳情况进行正式反馈和书面记录。

5.7　规划成果要求

5.7.1　总体规划成果要求

国家公园总体规划成果应包括规划文本和规划图纸两部分。

规划文本是规划成果的精练提要与核心内容，具体内容要求参见前文对各部分的说明。规划图纸应清晰准确、图文相符、图例一致，并在图纸的明显处标明图名、图例、比例尺、指北针或风玫瑰、规划期限、编制日期、编制组织单位、规划编制单位等内容。图纸内容具体要求见表5-3。

表5-3　国家公园规划图纸要求

图纸名称	图纸要求	是否必须
国家公园区位图	说明国家公园地理位置，标出其周边省市边界	是
国家公园行政区划图	标出国家公园规划边界，周边县域、市域、省域边界与乡镇分布点	是
国家公园地形地貌图	标出国家公园海拔高程、河流湖泊分布及重点山峰位置及其海拔	是
国家公园遥感影像图	国家公园及其周边区域影响图，标明国家公园范围	是
国家公园水系与湿地分布图	标出国家公园内湖泊、河流、沼泽与雪山冰川等各类水系空间分布及其名称	是
国家公园珍稀野生植物分布图	以图标形式标出国家一级、二级保护植物在国家公园中的分布情况	是
国家公园珍稀野生动物分布图	以图标形式标出国家一级、二级保护动物在国家公园中的分布情况	是

图纸名称	图纸要求	是否必须
国家公园历史文化遗产分布图	标出全国重点文物保护单位在国家公园中的分布情况	是
国家公园价值载体分布图	标出国家公园价值载体的空间分布	否
国家公园土地利用图	绘制国家公园内土地利用情况	是
国家公园土地利用图放大图	对国家公园内重点建设区域的土地利用情况进行放大	否
国家公园林权图	标出国家公园规划范围内林地权属和林木权属的空间分布	否
国家公园居民点分布图	标出国家公园规划范围内的县城、乡镇与村庄及其迁并位置	是
国家公园交通图	标出国家公园内现状及规划的铁路、各级公路与动物迁徙通道的空间分布	是
国家公园与其他自然保护地关系图	标出国家公园周边其他类型的自然保护地空间位置	是
国家公园功能分区图	绘制国家公园功能分区	是
国家公园管理分区图	标出国家公园内各个管理站/管理处及其管辖分区位置	是
国家公园游憩体验与解说教育规划图	标记国家公园内的游憩体验路线、体验点分布	是

5.7.2　弹性表达方式

表 5-3 建议的总体规划图纸列表或许并不能满足所有国家公园的具体规划需求，主要涉及两方面的原因：一是规定的图纸表达内容不能充分展示国家公园最具代表性的价值载体特征；二是单一的图纸比例限制了国家公园在不同时空尺度上的规划需求。针对这两种情况，建议图纸表达方式可依每个国家公园的具体情况做出适度调整。

1. 图纸内容弹性表达

每个国家公园所拥有的自然禀赋和资源特征各不相同，机械地套用固定的制图标准可能产生表达不清、不全等问题。因此，绘制以下三方面资源属性和特征时，应考虑采用弹性的表达方式，图纸内容的表达应以能清晰、准确、全面地反映所要表达的内容为基本原则。

（1）资源价值的典型性

同类型信息汇总在一张图纸上进行表达，使最具代表性的某一个要素表达弱化。例如，国家公园内的某个特有物种具有世界级价值，如果这一物种的分布信息只体现在珍稀动植物物种分布图之中，不足以突出它的独特价值。因此，可能需要单独出图来表达这一特有物种的分布情况和栖息地状况。

（2）价值载体的综合性

很多自然遗产价值和文化遗产价值并非单一载体所能表达，而是多种要素综合作用的结果。例如，古渡口的遗产价值表达需要涉及水体和商贸点两类要素；古驿道的遗产价值表达则至少需要包括自然地理、名胜古迹和道路遗存三类要素。这些要素需要汇聚在同一张图纸上以相互协调的绘制逻辑才能够清晰地表达出价值载体的分布情况，分之则难以成立。

（3）资源表达的系统性

在现有自然保护地规划技术规范中明确了相对统一的图例与制图标准，大部分自然资源有其专业的表达方式和固定的图标，如地质、水文、林业资源都设有专业的标志系统，文化类遗址遗迹管理部门也在积极探索更为专业化和适用性的导示系统。国家公园规划成果的表达应借鉴或采用上述通用标准，使图面语言更具专业性和普适性。

针对以上情况，可参考下列美国国家公园规划图纸中的弹性表达方式：

资源价值的典型性	建议：单独图纸表达

将具有极高代表性价值的要素直接作为单张图纸出图，突出其特殊性

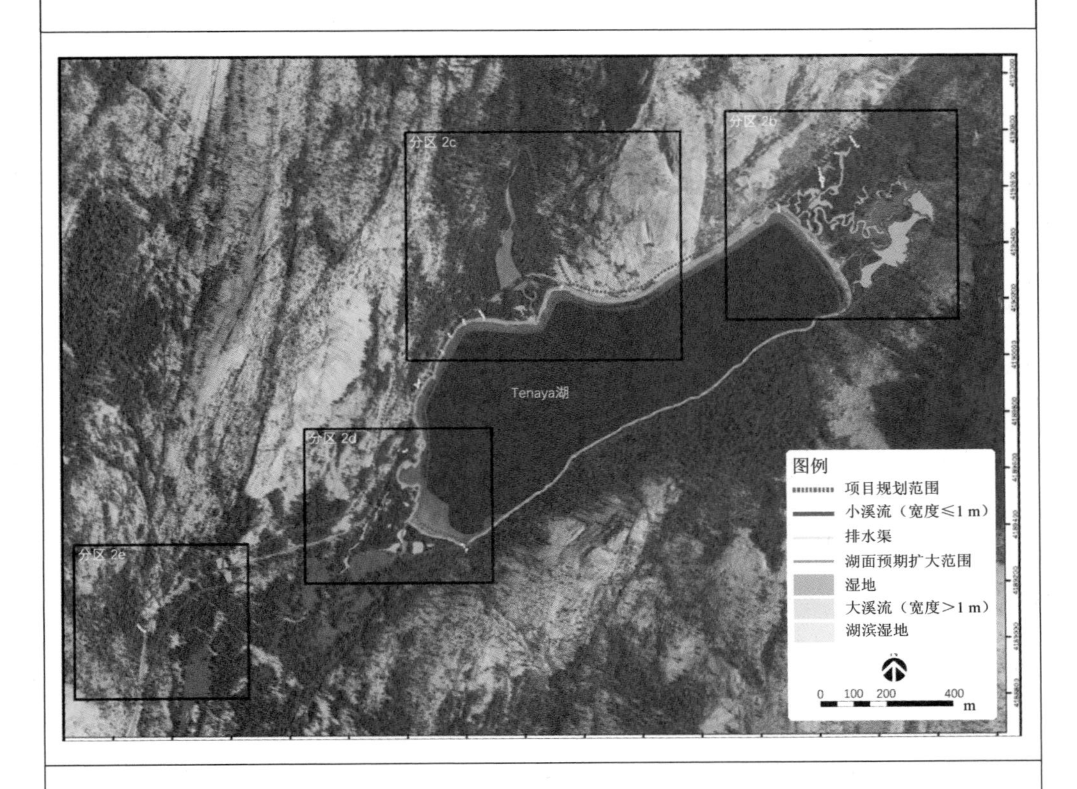

实例：优胜美地国家公园 Tenaya Lake Area 规划

Tenaya Lake 是优胜美地国家公园内的淡水湖泊，该区域的重点保护对象是独特的水系统和特殊的湿地资源。为了完整地展现这一地区淡水系统的各类特征，并清晰反映湿地资源的特殊性（因为这里的“湿地”一词与美国国家公园湿地定义外延不同），图纸将湖泊、溪流、湿地、湖滨湿地等信息全部汇总表达。

<table>
<tr><th>价值载体的综合性</th><th>建议：合并要素出图</th></tr>
<tr><td colspan="2">针对代表性价值载体，选取与之相关的要素合并出图</td></tr>
<tr><td colspan="2">

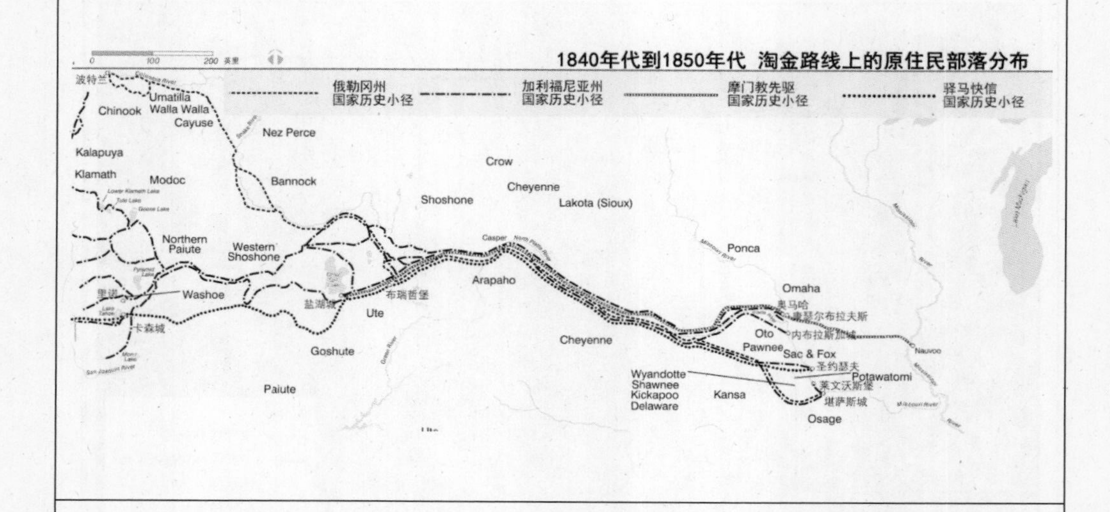

</td></tr>
<tr><td colspan="2">

实例：加利福尼亚国家历史小径规划

加利福尼亚国家历史小径规划，重点保护的文化遗产是淘金路线与印第安原住民的部落原址。为了更好表现淘金路线在串联国家矿产与原住民部落之间的关系，规划编制方专门将淘金路线与原住民部落所在地合并出图，凸显这一特殊历史文化遗产的重要性。

</td></tr>
</table>

问题：资源表达的系统性	建议：采用特殊表达方式
针对代表性价值使用专门的图示、图例或其他表达方式	

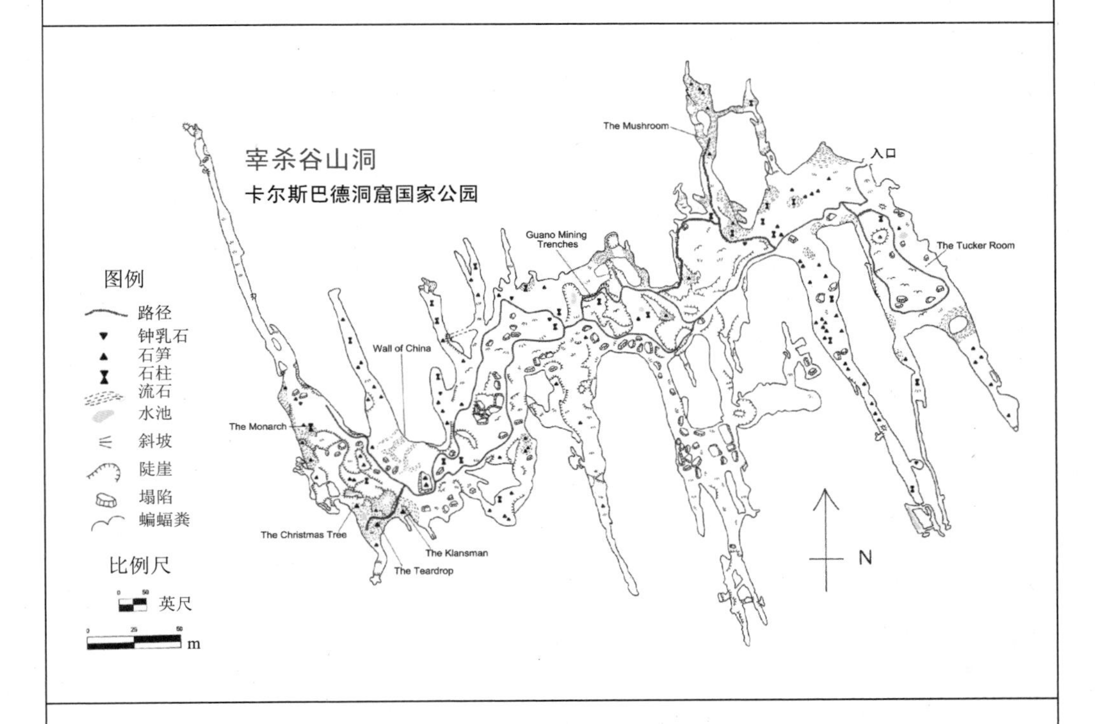

实例：美国新墨西哥州卡尔斯巴德洞窟国家公园

卡尔斯巴德洞窟（Carlsbad Caverns）国家公园的洞穴和喀斯特地貌具有极高的景观和科研价值，为了突出其价值载体，编制方在保护与游憩专项规划中为主要洞穴绘制了地图并设计了一套专用图例，从而更系统地表达洞穴内特殊地质现象的分布情况。

2. 涉及不同精度的规划内容，需多尺度表达

对于面积较大、空间分布较广的国家公园，使用单一比例尺绘制规划图纸难以清晰表达各类保护管理要求。例如，大面积的无人区和荒野区不需要高精度的图纸表达，而游憩体验区内的连片建设用地则需要精确描绘土地利用状况。因此，国家公园规划图纸需要视情况选取适宜的比例尺进行表达。

<table>
<tr><th>问题：规划精度不同</th><th>建议：多尺度表达</th></tr>
<tr><td colspan="2">大尺度图纸用以表达国家公园整体的分区、资源分类等，小尺度图纸则用以表达具体的游憩规划等</td></tr>
<tr><td colspan="2">

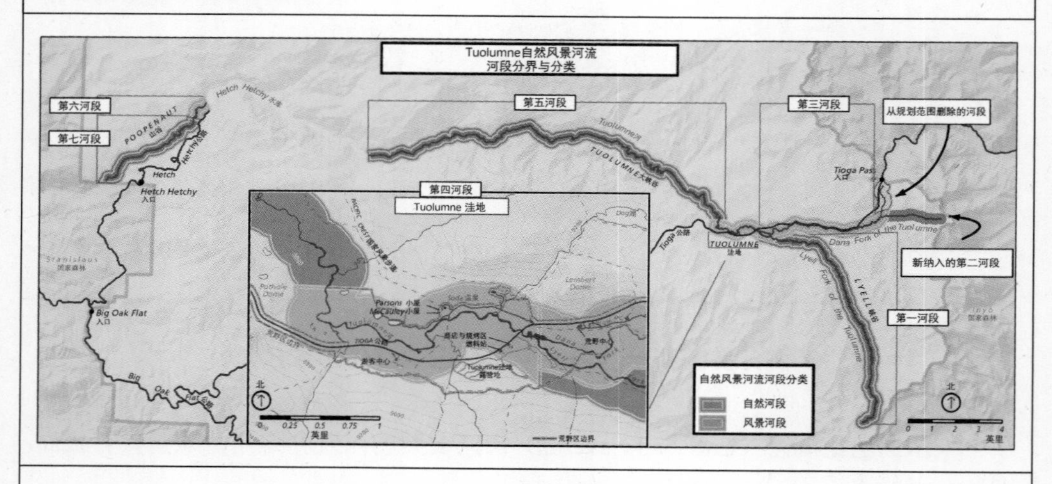

</td></tr>
<tr><td colspan="2">

实例：优胜美地国家公园 Tuolumne 风景河流规划

风景河流的空间跨度使其在大比例尺图纸上的表达精度非常有限，而且复杂的岸线环境和植被分布格局对风景河流的实际管理和游憩体验影响较大。在规划图纸中，Tuolumne 自然风景河流被划分为七段并作为七个不同的管理分区。其中，规划师对承担风景游赏功能的第四段进行了河道级别的精细规划，绘制了清晰的游憩区域边界，在图纸表达上实现了规划内容的完整衔接。

</td></tr>
</table>

参考文献

[1] 曹越，杨锐. 2017. 中国荒野研究框架与关键课题[J]. 中国园林，33（6）：10-15.

[2] 付梦娣，田俊量，朱彦鹏，等. 2017. 三江源国家公园功能分区与目标管理[J]. 生物多样性，25（1）：71-79.

[3] 国家发展和改革委员会社会发展司. 2017. 国家发展和改革委员会负责同志就《建立国家公园体制总体方案》答记者问[J]. 生物多样性，25（10）：1050-1053.

[4] 贾建中. 2012. 我国风景名胜区发展和规划特性[J]. 中国园林，（11）：11-15.

[5] 贾丽奇，杨锐. 2014. 澳大利亚世界自然遗产管理框架研究[J]. 世界遗产，（8）：20-24.

[6] 李如生，李振鹏. 2005. 美国国家公园规划体系概述[J]. 风景园林，（2）：50-57.

[7] 林禄盛，董雅，樊国盛. 2015. 中国国家公园规划实践——以普达措国家公园规划建设为例[J]. 建筑与文化，（4）：135-136.

[8] 刘海龙，王依瑶. 2013. 美国国家公园体系规划与评价研究——以自然类型国家公园为例[J]. 中国园林，（11）：84-88.

[9] 陆雍森. 1999. 环境评价[M]. 上海：同济大学出版社.

[10] 马盟雨，李雄. 2015. 日本国家公园建设发展与运营体制概况研究[J]. 中国园林，31（2）：32-35.

[11] 彭福伟. 2018. 国家公园体制改革的进展与展望[J]. 中国机构改革与管理，（2）.

[12] 彭琳，杨锐. 2013. 日本世界自然遗产地的“组合”特征与管理特点[J]. 中国园林，（9）：41-46.

[13] 宋增明，李欣海，葛兴芳，等. 2017. 国家公园体系规划的国际经验及对中国的启示[J]. 中国园林，33（8）：12-18.

[14] 苏杨，王蕾. 2015. 国家公园：打造生态文明美丽样板——中国国家公园体制试点的相关

概念、政策背景和技术难点[J]. 环境保护，43（14）：16-23.

[15] 孙鸿雁，鼋旁琳，赵文飞，等. 2017. 构建国家公园技术标准体系初探[J]. 林业建设，（5）：7-10.

[16] 唐芳林，孙鸿雁，王梦君，等. 2013. 关于中国国家公园顶层设计有关问题的设想[J]. 林业建设，（6）：8-16.

[17] 唐小平，栾晓峰. 2017. 构建以国家公园为主体的自然保护地体系[J]. 林业资源管理，（6）：1-8.

[18] 王梦君，唐芳林，孙鸿雁. 2016. 国家公园范围划定探讨[J]. 林业建设，（1）：21-25.

[19] 王欣歆，吴承照. 2014. 美国国家公园总体管理规划译介[J]. 中国园林，（6）：120-124.

[20] 王应临，杨锐，埃卡特 · 兰格. 2013. 英国国家公园管理体系评述[J]. 中国园林，（9）：11-19.

[21] 吴承照，周思瑜，陶聪. 2014. 国家公园生态系统管理及其体制适应性研究——以美国黄石国家公园为例[J]. 中国园林，（8）：21-25.

[22] 夏友照，解焱，MacKinnon John. 2011. 保护地管理类别和功能分区结合体系[J]. 应用与环境生物学报，17（6）：767-773.

[23] 许晓青，杨锐. 2013. 美国世界自然及混合遗产地规划与管理介绍[J]. 中国园林，（9）：30-35.

[24] 严国泰，沈豪. 2015. 中国国家公园系列规划体系研究[J]. 中国园林，31（2）：15-18.

[25] 闫振. 2018. 让良好生态成为高质量发展普遍形态[N]. 学习时报，2018-06-15. http://www.qstheory.cn/zhuanqu/bkjx/2018-06/15/c_1122991520.htm.

[26] 杨锐. 2001. 美国国家公园体系的发展历程及其经验教训[J]. 中国园林，（1）：62-64.

[27] 杨锐. 2003. 美国国家公园规划体系评述[J]. 中国园林，19（1）：44-47.

[28] 杨锐. 2003. 美国国家公园的立法和执法[J]. 中国园林，19（5）：63-66.

[29] 杨锐. 2003. 从游客环境容量到 LAC 理论——环境容量概念的新发展[J]. 旅游学刊，18（5）：62.

[30] 杨子江，林雷，王雅金. 2015. 美国国家公园总体管理规划的解读与启示[J]. 规划师，（11）：

135-138.

[31] 叶文，马有明，沈超. 2007. 香格里拉普达措国家公园规划理念与实践[C]. 昆明生态旅游国际论坛.

[32] 虞虎，陈田，钟林生，等. 2017. 钱江源国家公园体制试点区功能分区研究[J]. 资源科学，39（1）：20-29.

[33] 张朝枝. 2017. 基于旅游视角的国家公园经营机制改革[J]. 环境保护，（14）：28-33.

[34] 张国强，贾建中，邓武功. 2012. 中国风景名胜区的发展特征[J]. 中国园林，28（8）：78-82.

[35] 张婧雅，李卅，张玉钧. 2016. 美国国家公园环境解说的规划管理及启示[J]. 建筑与文化，（3）：170-173.

[36] 张路，欧阳志云，徐卫华. 2015. 系统保护规划的理论、方法及关键问题[J]. 生态学报，35（4）：1284-1295.

[37] 张希武. 2016. 对中国建立国家公园体制的几点认识[C]. 生态文明与国家公园体制建设学术研讨会.

[38] 张振威，杨锐. 2013. 论加拿大世界自然遗产管理规划的类型及特征[J]. 中国园林，（9）：36-40.

[39] 张振威，杨锐. 2016. 中国国家公园与自然保护地立法若干问题探讨[J]. 中国园林，32(2)：70-73.

[40] 赵智聪. 2018. 编制好国家公园四个层次的规划[N]. 青海日报，2018-01-08（011）.

[41] 赵智聪，马之野，庄优波. 2017. 美国国家公园管理局丹佛服务中心评述及对中国的启示[J]. 风景园林，（7）：44-49.

[42] 赵智聪，庄优波. 2013. 新西兰保护地规划体系评述[J]. 中国园林，（9）：25-29.

[43] 朱春全. 2014. 关于建立国家公园体制的思考[J]. 生物多样性，22（4）：418-420.

[44] 庄优波，杨锐. 2007. 风景名胜区总体规划环境影响评价的程序和指标体系[J]. 中国园林，23（1）：49-52.

[45] 庄优波. 2014. 德国国家公园体制若干特点研究[J]. 中国园林，（8）：26-30.

[46] 风景名胜区条例. 2016-02-06. http://www.gov.cn/gongbao/content/2016/content_ 5139422.htm

[2018-02-23].

[47] 中华人民共和国城乡规划法. 2007-10-28. http://www.gov.cn/ziliao/flfg/2007-10/28/content_788494.htm[2018-02-23].

[48] 中共中央办公厅　国务院办公厅印发《建立国家公园体制总体方案》. 2017-09-26. http://www. gov.cn/zhengce/2017-09/26/content_5227713.htm[2018-02-23].

[49] 中华人民共和国自然保护区条例. 2017-10-26. http://www.mep.gov.cn/gzfw_13107/zcfg/fg/gwyfbdgfxwj/201710/t20171026_424087.shtml[2018-02-23].

[50] National Park Service. 2006. Management Policies 2006[EB/OL]. https://www.nps.gov/policy/mp2006.pdf[2017-06-25].

[51] National Park Service. 2006. Cave and Karst Management Plan Environmental Assessment[EB/OL]. https://parkplanning.nps.gov/document.cfm ? parkID=39&projectID=12744 &documentID= 17508 [2017-06-25].

[52] National Park Service. 2009. General Management Plan Sourcebook[EB/OL]. http://parkplanning.nps.gov/GMPSourceBook.cfm[2017-06-25].

[53] National Park Service. 2010. Tenaya Lake Area Plan Environmental Assessment[EB/OL]. https://www.nps.gov/yose/learn/management/upload/Tenaya-Lake-Area-Plan-EA-October-2010.pdf [2017-06-25].

[54] National Park Service. 2011. Comprehensive Management and Use Plan-Final Environmental Impact Statement California，Pony Express，Oregon & Mormon Pioneer NH Trails[EB/OL]. https://www.nps.gov/oreg/getinvolved/upload/Comprehensive_Management_Plan-508.pdf [2017-06-25].

[55] National Park Service. 2014. Tuolumne Wild and Scenic River Final Comprehensive Management Plan and Environmental Impact Statement[EB/OL]. https://www.nps.gov/yose/learn/management/upload/Tuolumne-Wild-and-Scenic-River-Final-Comprehensive-Management-Plan-and-Environmental-Impact-Statement-Vol-1-and-2.pdf[2017-06-25].

声　明